Klimaskepsis in Deutschland

Tanja Fröhlich

Klimaskepsis in Deutschland

Handlungsempfehlungen für Politik und Wissenschaft

Bibliografische Information der Deutschen Nationalbibliothek
Die Deutsche Nationalbibliothek verzeichnet diese Publikation
in der Deutschen Nationalbibliografie; detaillierte bibliografische
Daten sind im Internet über http://dnb.d-nb.de abrufbar.

ISBN 978-3-631-63335-9 (Print)
E-ISBN 978-3-653-03281-9 (E-Book)
DOI 10.3726/978-3-653-03281-9
© Peter Lang GmbH
Internationaler Verlag der Wissenschaften
Frankfurt am Main 2014
Alle Rechte vorbehalten.
PL Academic Research ist ein Imprint der Peter Lang GmbH.

Peter Lang – Frankfurt am Main · Bern · Bruxelles · New York ·
Oxford · Warszawa · Wien

Das Werk einschließlich aller seiner Teile ist urheberrechtlich
geschützt. Jede Verwertung außerhalb der engen Grenzen des
Urheberrechtsgesetzes ist ohne Zustimmung des Verlages
unzulässig und strafbar. Das gilt insbesondere für
Vervielfältigungen, Übersetzungen, Mikroverfilmungen und die
Einspeicherung und Verarbeitung in elektronischen Systemen.

www.peterlang.com

Inhalt

Abbildungsverzeichnis 7

Tabellenverzeichnis 9

Abkürzungsverzeichnis 11

1. Einführung 13
   1.1. Ausgangslage und Problemdarstellung 13
   1.2. Methoden 15
   1.3. Glaubwürdigkeit in der Wissenschaft am Beispiel des IPCC ... 17
   1.4. Die IPCC-Glaubwürdigkeitsdebatte 26
   1.5. Erkenntnisgewinn für die Handlungsempfehlungen 29

2. Klimaskepsis 31
   2.1. Klimaskepsis im Wandel der Zeit 31
   2.2. Organisierte Akteure und Plattformen 33
      2.2.1. Weltweit 34
      2.2.2. Deutschland 39
   2.3. Zentrale Argumentationsfiguren 40
      2.3.1. Ursachen der derzeitigen globalen Erwärmung 41
      2.3.2. Folgen der derzeitigen globalen Erwärmung 43
      2.3.3. Methodenkritik 43
      2.3.4. Cui bono 44
      2.3.5. Umgang mit Kritikern des IPCC 45
   2.4. Einschätzung zur Kritik am IPCC bzw. am anthropogenen Klimawandel 46
   2.5. Motivationen von Klimaskeptikern 50
   2.6. Auseinandersetzung mit Klimaskeptikern 54
   2.7. Glaubwürdigkeit von Klimaskeptikern in Deutschland 57
   2.8. Erkenntnisgewinn für die Handlungsempfehlungen 60

3. Klimabewusstsein und Klimaskepsis in Deutschland 63
   3.1. In der Bevölkerung 63

3.2. In der Politik	68
3.3. In den Medien	71
3.4. Erkenntnisgewinn für die Handlungsempfehlungen	73
4. Handlungsempfehlungen	77
4.1. An Politik und Wissenschaft	77
4.2. An die Politik	80
4.3. An die Wissenschaft	81
5. Zusammenfassung	85
Literaturverzeichnis	89
Anlage I: Analyse Klimaskeptiker weltweit	103
Anlage II: Klima in den Online-Medien	119

Abbildungsverzeichnis

Abbildung 1: Prozess der Erstellung der IPCC-Sachstandsberichte 20
Abbildung 2: Ergebnisse der Spiegel-Umfragen zur Angst vor
 Klimawandel 2006 und 2010 66
Abbildung 3: Ergebnis der Spiegel-Umfrage 2010 zur Zuverlässigkeit
 der Klimaprognose 66
Abbildung 4: Ergebnis der Gallup-Umfrage in den USA zur Einschätzung
 der Bedrohung durch den Klimawandel 1998–2010 68

Tabellenverzeichnis

Tabelle 1: Klimaberichterstattung in Online-Medien ab 2010 72
Tabelle 2: Klimaskeptiker und ihre Argumente weltweit 103
Tabelle 3: Klima in den Online-Medien 121

Abkürzungsverzeichnis

AR	Assessment Report
CFACT	European Committee for a Constructive Tomorrow
CCS	Carbon Capture and Storage
CSC	International Climate Science Coalition
DFG	Deutsche Forschungsgemeinschaft
DPG	Deutsche Physikalische Gesellschaft
DKK	Deutsches Klima-Konsortium e.V.
ESF	European Science Foundation
EIKE	Europäisches Institut für Energie und Klima
EL	Entwicklungsländer
FAQ	Frequently Asked Questions
G8	Gruppe der Acht
GWPF	The Global Warming Policy Foundation
IAC	InterAcademy Council
IEKP	Integriertes Energie- und Klimaschutzprogramm
IPCC	Intergovernmental Panel on Climate Change
MdEP	Mitglied des Europäischen Parlaments
NIPCC	Nongovernmental International Panel on Climate Change
NKGCF	Nationales Komitee für Global Change Forschung
NSF	National Science Foundation
SEPP	Science and Environmental Policy Project
THG	Treibhausgase
UBA	Umweltbundesamt
UNEP	Umweltprogramm der Vereinten Nationen
UNFCCC	Klimarahmenkonvention der Vereinten Nationen
WBGU	Wissenschaftlicher Beirat Globale Umweltfragen
WMO	Weltorganisation für Meteorologie

1. Einführung

1.1. Ausgangslage und Problemdarstellung

Seit den 1980er Jahren beschäftigt sich die Weltgemeinschaft intensiv mit dem Thema „Klimaänderung". Ein Meilenstein ist die 1988 erfolgte Gründung des Zwischenstaatlichen Ausschusses für Klimaänderungen (IPCC). In die Arbeit des IPCC sind auch wesentliche Teile der deutschen Klimaforschung aktiv eingebunden. Weltweit kommen Klimaforscher zu dem Schluss, dass die Erde sich aufgrund anthropogener Eingriffe in das Klimasystem erwärmt und ein weltweiter Klimawandel fortschreitet, der signifikante Folgen für Mensch und Umwelt hat. Die regelmäßig erscheinenden IPCC-Sachstandsberichte bilden die wissenschaftliche Grundlage für die nationale und internationale Klimapolitik. Beim G8-Gipfel in L'Aquila sprachen sich die Staats- und Regierungschefs 2009 dafür aus, die globalen Emissionen bis 2050 um 50% und die Emissionen der Industrieländer bis 2050 um mindestens 80% gegenüber 1990 oder einem späteren Basisjahr zu reduzieren. Der G8-Gipfel von Muskoka, der im Juni 2010 stattfand, bestätigte diese Ziele. Die deutsche Regierung hat sich ehrgeizige Klimaziele gesetzt, die u.a. die Basis des Energiekonzeptes der Bundesregierung von 2010 bilden. Danach sind die Treibhausgas-Emissionen in Deutschland bis 2020 um 40% und bis 2050 um 80 bis 95% gegenüber 1990 zu senken. Auf globaler Ebene wurde zuletzt 2010 in Cancún die Grundlage für ein rechtsverbindliches Post-Kyoto-Abkommen ab 2012 verhandelt.

Wirtschaft und Politik suchen und setzen Instrumente ein zur Minderung und Vermeidung des Klimawandels und zur Anpassung an den Klimawandel. Diese Instrumente sind in vielen Ländern der Erde aus dem umweltpolitischen Geschehen nicht mehr wegzudenken. Sie greifen direkt und indirekt in das Marktgeschehen und unser gesellschaftliches Umfeld ein und gestalten die globale Zukunft mit.

Es gibt jedoch Stimmen in der Wissenschaft und anderen gesellschaftlichen Gruppen, die Zweifel an der wissenschaftlichen Grundlage eines anthropogen motivierten Klimawandels äußern. Sie sprechen dem IPCC als Organisation und den Ergebnissen seiner Berichte die Glaubwürdigkeit ab. Als nicht fundiert, zu unsicher, übertrieben oder nur dem wissenschaftlichen Selbstzweck sowie dessen Finanzierung dienend bezeichnen diese Kritiker im öffentlichen Raum, besser bekannt als „Klimaskeptiker", die wissenschaftlichen Erkenntnisse. Die Klimaskeptiker sind bspw. seit Jahren eine feste Größe in der amerikanischen Politik. Ihr Einfluss auf die amerikanische Klimapolitik ist erheblich. Ihr Einfluss scheint auch in Deutschland und Europa zuzunehmen.[1] Anthropogene Treibhausgasemissionen seien irrelevant, stattdessen sei auch die derzeitige Klimaerwärmung ein historisch belegbarer natürlicher Prozess, so ihr Hauptargument.

Der Zwischenstaatliche Ausschuss für Klimaänderungen (IPCC) kommt in seinem 4. Sachstandsbericht zu dem Ergebnis „eines sehr wahrscheinlich anthropogen verursachten Klimawandels"[2]. „Klimaskeptiker"[3] im Sinne dieser Untersuchung sind Kritiker an diesem Ergebnis,

– die ihrerseits einen anthropogenen Klimawandel gänzlich oder als sehr unwahrscheinlich ausschließen und
– die Glaubwürdigkeit des IPCC und die der mit dem Ergebnis konformen Wissenschaftler grundsätzlich infrage stellen.

Untersucht werden im Folgenden Handlungsmotive, Arbeitsweisen und Argumente von Klimaskeptikern. Dies trägt zum Verständnis der – kaum öffentlich geführten, aber dennoch vorhandenen – Debatte um die anthropogene Klimaänderung bei. Darauf aufbauend werden Handlungsempfehlungen für den Umgang mit Klimaskepsis bzw. zur Vorbeugung gegen Klimaskepsis entwickelt. Die Handlungsempfehlungen richten sich an die Wissenschaft im Bereich der Klimaforschung sowie an politische Akteure.

Insgesamt werden Antworten auf die folgenden Fragestellungen entwickelt:

– Was sind die Mechanismen der Glaubwürdigkeit von Wissenschaft? Diese Frage wird am Beispiel des IPCC untersucht, da dieser stellvertretend für die weltweite Klimaforschung steht, die zum Ergebnis eines anthropogenen Klimawandels kommt.
– Welchen Einfluss hat die Glaubwürdigkeit des IPCC auf Klimaskepsis?
– Wer sind die klimaskeptischen Akteure und was sind ihre Argumente, Interessen und Methoden?
– Welchen Einfluss haben Klimaskeptiker in Deutschland?

---

1   Deutscher Bundestag, Drucksache 17/3613, Kleine Anfrage der Fraktion BÜNDNIS 90/DIE GRÜNEN: Position der Bundesregierung zur Leugnung des Klimawandels vom 3.11.2010.
2   IPCC: Klimaänderung 2007: Synthesebericht, Zusammenfassung für politische Entscheidungsträger, 2007, S. 6.
3   Die Nutzung des Begriffs „Klimaskeptiker" hat sich seit Jahren eingebürgert und wird als fester Bestandteil in der öffentlichen und medialen Darstellung genutzt. Daher wird dieser Begriff hier auch weiter verwandt, obwohl Wissenschaftler den Begriff infrage stellen, da Skepsis ein Grundelement der Wissenschaft ist.

– Welche Maßnahmen sollten ergriffen oder nicht ergriffen werden, um Klimaskepsis in Deutschland entgegenzusteuern?

Dazu werden im *ersten Teil* – ausgehend von der Darstellung einiger gängiger Definitionen – Kriterien zur Glaubwürdigkeit von Wissenschaft in der öffentlichen Wahrnehmung, im medialen Kontext und innerhalb des Wissenschaftssystems aufgezeigt. Anhand eines Kriterienkatalogs wird die Glaubwürdigkeit von Wissenschaft am Beispiel des IPCC analysiert. Damit sollen auch mögliche Schwachstellen aufgezeigt werden, die Argumentationen von Klimaskeptikern Raum geben.

Die Kriterien guter Wissenschaft werden *im zweiten Teil* auch mit der Arbeitsweise von Klimaskeptikern in Verbindung gebracht. Einführend wird zunächst die Debatte der letzten zwei Dekaden zum Klimawandel rekapituliert. Es wird aufgezeigt, welche Akteure und Plattformen sich international und in Deutschland organisiert haben. Die zentralen Argumentationsfiguren der Klimaskeptiker und ihre Motivationen werden dargestellt. In der Analyse werden wichtige Merkmale und Arbeitsweisen der organisierten Klimaskeptiker herausgearbeitet. Es wird die Frage beantwortet, inwieweit auch die Argumente der Klimaskeptiker auf Ergebnissen eines wissenschaftlichen Prozesses beruhen.

Der *dritte Teil* zeigt den Umgang mit Klimaskepsis in Deutschland auf. Zunächst wird das Klimabewusstsein in Deutschland von der breiten Öffentlichkeit, von Medien und Politik untersucht. Dem Ausblick auf die mögliche zukünftige Entwicklung der Rolle der Klimaskeptiker in Deutschland schließen sich Handlungsempfehlungen für Politik und Wissenschaft zum Umgang mit Klimaskepsis und Klimaskeptikern in Deutschland an.

1.2. Methoden

Die Grundlage für diese Untersuchung sind Publikationen und Literatur zum Klimawandel. Dabei wurden zum einen für die naturwissenschaftlichen Beiträge der derzeit aktuelle 4. Sachstandsbericht des IPCC (AR 4) sowie Bücher und Filme von Klimaskeptikern herangezogen. Die traditionelle Literaturrecherche wurde ergänzt durch eine Internetrecherche sowie die Teilnahme an Veranstaltungen mit bekannten Klimaforschern und Klimaskeptikern in Deutschland.

Zur „Glaubwürdigkeit von Wissenschaft" werden im ersten Kapitel Kriterien guter Wissenschaft und Glaubwürdigkeit auf der Basis einschlägiger Orientierungshilfen zusammengestellt: den Empfehlungen der Deutschen Forschungsgemeinschaft (DFG) zur Sicherung guter wissenschaftlicher Praxis sowie des European Code of Conduct for Research Integrity der European Science Foundation. Die Kriterien zur Glaubwürdigkeit in der Laienwahrnehmung wurden auf der Basis einschlägiger Literatur sowie eigener Überlegungen entwickelt. Auf der Grundlage aller Kriterien erfolgt eine Analyse des IPCC bezüglich guter wissenschaftlicher Praxis und Glaubwürdigkeit. Dazu wurden insbesondere die Ergebnisse des Berichts der Reformkommission InterAcademy Council von August 2010 herangezogen.

Im zweiten Kapitel werden für die Analyse von Klimaskepsis 48 Klimaskeptiker weltweit ausgewählt. Dabei diente der Film „The Great Global Warming Swindle", der auch in den deutschen Medien bekannt gemacht und besprochen wurde, als Basis. Auftritte von in diesem Film vertretenen Wissenschaftlern wurden hinsichtlich der wesentlichen Aussagen und Motivationen ausgewertet. Darüber hinaus wurde ein großer Teil der in der einzigen aktiven klimaskeptischen Vereinigung in Deutschland, dem „Europäischen Institut für Klima und Energie" (EIKE), vertretenen oder assoziierten Klimaskeptiker näher betrachtet. Zusätzlich wurden auf Youtube verfügbare öffentliche Auftritte von Klimaskeptikern, von Klimaskeptikern verfasste Bücher sowie ihre Werke auf einschlägigen Klimaskeptiker-Internetseiten zugrunde gelegt. Die Auswertungen führen zu den zentralen Argumentationsfiguren der Klimaskeptiker, die im Kapitel 2.3 dann ausführlicher dargestellt werden. Da sich die „Wiege der Klimaskeptiker" in den USA befindet und Querbezüge zu deutschen Aktivitäten offensichtlich sind, wird auch der Mechanismus der Klimaskepsis in den Vereinigten Staaten anhand von Untersuchungen näher beleuchtet. Die deutschen Klimaskeptiker werden analog dem IPCC mit den Kriterien der Glaubwürdigkeit in Beziehung gesetzt.

Im dritten Kapitel werden zum Thema Klimabewusstsein in Deutschland drei Studien von Eurobarometer, Forsa und dem Umweltbundesamt im Zeitraum 2008–2010 sowie Umfrageergebnisse des Nachrichtenmagazins Spiegel von 2006 und 2010 zugrunde gelegt:. Für die Betrachtung der deutschen Medien wurden insgesamt 472 Artikel zum Thema Klimawandel/-forschung in den vier Online-Medien von Spiegel, Handelsblatt, Welt und FAZ im Zeitraum 1.1.2010 bis 31.3.2011 ausgewertet. Die Artikel wurden in die eigens entwickelten Kategorien „klimaskeptische Äußerung", „kritische Betrachtung von Klimaskeptikern", „kritische Betrachtung des IPCC", „kritische Betrachtung von Klimaforschung" oder „kritische Betrachtung von Klimaschutzmaßnahmen" eingeordnet und empirisch analysiert.

1.3. Glaubwürdigkeit in der Wissenschaft am Beispiel des IPCC

„Wenn ich etwas oder jemanden glaubwürdig finde, glaube oder vermute ich, ohne Beweise dafür zu haben, dass etwas wahr oder jemand wahrhaftig ist ... Ich zweifele nicht daran, weiß es aber auch nicht. Ich verlasse mich darauf, ohne absolute Gewissheit zu haben, bis zum Beweis des Gegenteils. Ich schenke der Aussage oder der Person Glauben ..."[4]

Demnach bedeutet Glaubwürdigkeit im Bereich der Wissenschaft, dass einem Wissenschaftler oder einer Wissenschaftsorganisation Glauben geschenkt wird und man sich auf den Wahrheitsgehalt einer wissenschaftlichen Aussage verlässt.

Der Zwischenstaatliche Ausschuss für Klimaänderungen (Intergovernmental Panel on Climate Change, IPCC) wurde 1988 von der Weltorganisation für Meteorologie (WMO) und dem Umweltprogramm der Vereinten Nationen (UNEP) auf der Basis eines Antrags der Generalversammlung der Vereinten Nationen gegründet.[5] Er ist ein wissenschaftliches zwischenstaatliches Gremium mit 194 Mitgliedern.[6] Die Aufgaben des IPCC bestehen darin,

- die aktuelle weltweite Klimaforschung auszuwerten,
- die wissenschaftliche Basis von Risiken durch anthropogenen Klimawandel auszuwerten sowie
- Entscheidungsträger und die Öffentlichkeit über den derzeitigen Wissensstand zum Klimawandel und seinen potenziellen Folgen für die Umwelt sowie sozioökonomischen Folgen sowie Verminderungs- und Anpassungsoptionen umfassend zu informieren.[7]

Der IPCC selbst betreibt keine Forschung. Oder wie es der deutsche Klimaforscher Hans von Storch auf den Punkt bringt:

---

4 Dernbach, Beatrice und Meyer, Michael: Einleitung: Vertrauen und Glaubwürdigkeit, in: Vertrauen und Glaubwürdigkeit. Interdisziplinäre Perspektiven, VS Verlag für Sozialwissenschaften, Wiesbaden 2005, S. 15.
5 Vgl. Beck, Silke: Das Klimaexperiment und der IPCC, Metropolis-Verlag für Ökonomie, Gesellschaft und Politik GmbH, Marburg 2009, S. 13.
6 Stand April 2009.
7 IPCC: Organization, ohne Datum abrufbar unter http://www.ipcc.ch/organization/organization.shtml (17.12.2010) sowie Principles Governing IPCC Work, Punkt 1., approved at the 14th Session in 1998, amended at the 21st Session in 2003 and the 25th Session in 2006.

„Das IPCC ist nicht dazu da, die Wahrheit über das Klima zu verkünden, sondern die Wahrheit über das Klimawissen zu verkünden".[8]

Die nationale und internationale Klimapolitik vertraut seit mehr als zwei Dekaden auf die wissenschaftlichen Ergebnisse des IPCC. Sie gestaltet auf der Basis der alle fünf Jahre erscheinenden Sachstandsberichte des IPCC die globale Klimapolitik. Warum aber ist der IPCC für Politiker weltweit glaubwürdig?

Ein wesentlicher Baustein der Glaubwürdigkeit im Wissenschaftssystem ist die Anwendung von guter wissenschaftlicher Praxis. Formalisierte global gültige Kriterien für die Praxis „guter Wissenschaft" existieren aber nicht. Eine Vielzahl von Wissenschaftsorganisationen, Universitäten und außeruniversitären Forschungseinrichtungen weltweit haben jedoch Standards einer guten Wissenschaft für sich definiert.[9] Auch der IPCC hat Grundsätze für seine Arbeit, *„Principles Governing IPCC Work"*, entwickelt und verabschiedet.[10]

Das zentrale und wichtigste Instrument der Qualitätssicherung in der Wissenschaft ist die Peer-Review. Die Peer-Review ist ein Evaluationsprozess, der zunächst generell aus der Einholung einer Außenansicht und der Bewertung durch Dritte besteht. Dabei überprüft und bewertet ein gleichrangiger Fachkollege/eine gleichrangige Fachkollegin („Peer") die wissenschaftliche Arbeit. In der Regel ist mit Peer-Review eine externe Evaluierung gemeint, in dem Sinne, dass die Peers einer anderen Organisation angehören. Peers verfügen als Kollegen/Kolleginnen über spezifische Fachkompetenzen und Erfahrungswissen, die sie von anderen externen Evaluatoren abheben. Sie bringen eine interne Sichtweise in Bezug auf die Profession mit, sind aber nicht in die Arbeitszusammenhänge direkt involviert und können sich deshalb ihre Außenansicht bewahren.[11]

---

8 Hans von Storch im Interview des ZDF umwelt vom 5.9.2010, das Interview ist abrufbar unter http://www.zdf.de/ZDFmediathek/beitrag/video/1129600/Neues-vom-IPCC#/beitrag/video/1129600/Neues-vom-IPCC (12.3.2011)

9 Vgl. bspw. DFG: Sicherung guter wissenschaftlicher Praxis. Empfehlungen der Kommission „Selbstkontrolle in der Wissenschaft", Denkschrift, Weinheim, 1998 oder European Science Foundation: European Code of Conduct for Research Integrity von März 2011 oder das Karlsruher Institut für Technologie: http://www.kit.edu/downloads/K_OBP_XX_RI_01_05-10.pdf (abgerufen am 22.5.2011). Die US-amerikanische National Science Foundation (NSF) definiert umgekehrt nicht das korrekte wissenschaftliche Verhalten, sondern wissenschaftliches Fehlverhalten (in Verbindung mit Förderanträgen beim NSF), und zwar Erfindung, Fälschung/Manipulation von Daten oder Ergebnissen sowie den Diebstahl geistigen Eigentums. Vgl. NSF: Grant Policy Manual. Part 689-Research Misconduct, July 2002, S. 237f.

10 Vgl. IPCC: Principles Governing IPCC Work, Approved at the Fourteenth Session (Vienna, 1–3 October 1998) on 1 October 1998, amended at the 21st Session (Vienna, 3 and 6–7 November 2003) and at the 25th Session (Mauritius, 26–28 April 2006).

11 Vgl. Gutknecht-Gmeiner, Maria: Externe Evaluierung durch Peer-Review: Qualitätssicherung und Qualitätsentwicklung in der beruflichen Erstausbildung, VS Verlag für Sozialwissenschaft, Wiesbaden 2008, S. 37ff.

Gesichert werden soll, dass wissenschaftliche Qualität wissenschaftlich kompetent eingeschätzt wird.[12] Peer-Review wird von vielen Fachzeitschriften vor der Publikation eines wissenschaftlichen Artikels ebenso eingesetzt wie zur Begutachtung von Projektanträgen zur Forschungsfinanzierung. Das Prinzip von Peer Review ist, trotz Kritik[13], ein allgemein anerkanntes Gütemerkmal für Entscheidungsprozesse geworden, in denen die Qualität von Wissenschaft zur Diskussion steht oder, wie Stefan Hornbostel formuliert: Es gibt dazu keine Alternative.[14]

Nachfolgend soll dazu der Begutachtungsprozess für die Sachstandsberichte des IPCC betrachtet werden.

Silke Beck beschreibt, dass der IPCC das Peer-Review-Verfahren als das fundamentale Prinzip seiner Selbststeuerung und als informelles Prinzip der Qualitätssicherung verwendet. Darüber hinaus entwickelt und verwendet der IPCC ein mehrstufiges Review-Verfahren, das in der vorstehenden Abbildung deutlich wird. Neben Peers sind daran auch Experten aus anderen wissenschaftlichen Disziplinen beteiligt, so wird die klassische Peer-Review durch eine Expert-Review ausgeweitet.[15] Den (kleineren) Anteilen von Experten aus benachbarten Disziplinen mangelt es zwar an Spezialkenntnissen über den jeweils einschlägigen Stand der Forschung, nicht aber am Wissen über die allgemeinen Bedingungen triftiger Evaluationen von Projekten und Texten.[16]

Den fachlichen Begutachtungsverfahren folgt im IPCC-Prozess die sogenannte „Government-Review" zur Übersetzung der Ergebnisse in politische Problemdefinitionen.[17] Dabei geht es primär darum, die wissenschaftlichen Aussagen für politische Entscheidungsträger handhabbarer zu machen. Zeile für Zeile der Zusammenfassung für Entscheidungsträger wird dabei in den drei Arbeits-

---

12 Vgl. Hornbostel, Stefan et al.: Handbuch Wissenschaftspolitik, VS Verlag für Sozialwissenschaften, Wiesbaden 2010, S. 280.
13 Bspw. sind subjektive Entscheidungen der Gewichtung unvermeidbar oder eine quantitative Bewertung ist nicht immer gleichbedeutend mit der Qualität der Aussage. Eine gute Übersicht über Kritikpunkte sind in dem Artikel von Alfred Kieser „Die Tonnenideologie der Forschung" in der Frankfurter Allgemeinen Zeitung unter www.faz.net/s/RubC3FFBF288 EDC421F93E22EFA74003C4D/Doc~ED5E7527973EA4B74B5E19FE87A150C02~ATpl~E common~Scontent.html vom 11.6.2010 zu finden. (Abruf: 19.2.2011).
14 Hornbostel, Stefan et al.: Handbuch Wissenschaftspolitik, VS Verlag für Sozialwissenschaften, Wiesbaden 2010, S. 290.
15 Vgl. Beck, Silke: Das Klimaexperiment und der IPCC, Metropolis-Verlag für Ökonomie, Gesellschaft und Politik GmbH, Marburg 2009, S. 153.
16 Vgl. Hornbostel, Stefan et al.: Handbuch Wissenschaftspolitik, VS Verlag für Sozialwissenschaften, Wiesbaden 2010, S. 288.
17 Vgl. Beck, Silke: Das Klimaexperiment und der IPCC, Metropolis-Verlag für Ökonomie, Gesellschaft und Politik GmbH, Marburg 2009, S. 153.

Abbildung 1: Prozess der Erstellung der IPCC-Sachstandsberichte

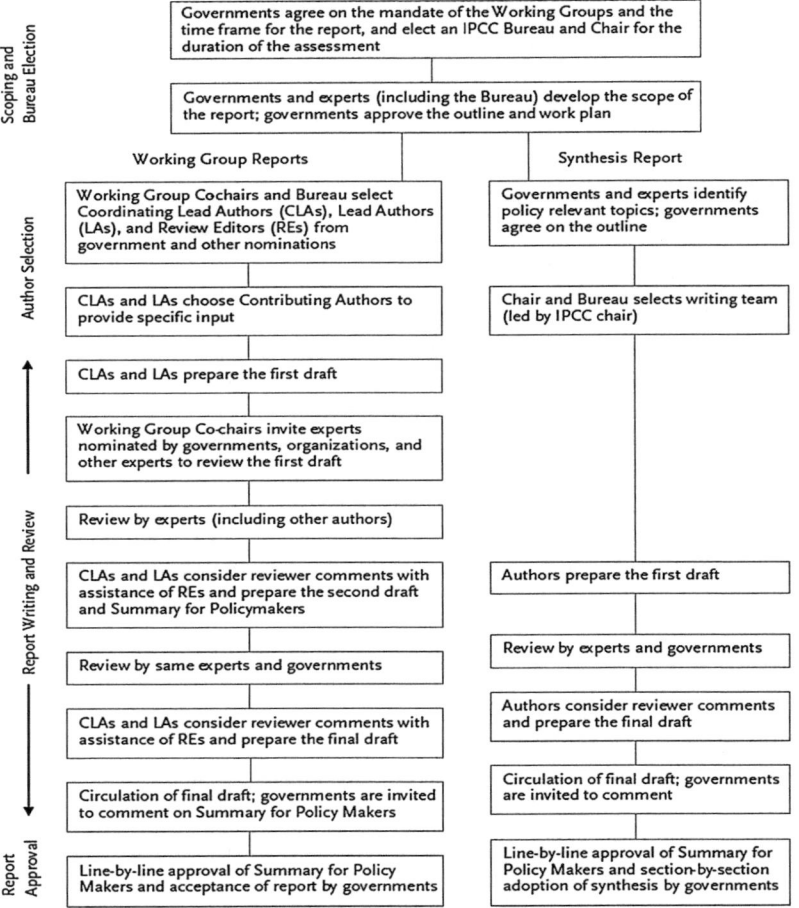

Quelle: IAC, Kommission zur Überprüfung des UN-Weltklimarats (IPCC): IPCC-Berichte zum Klimawandel. Überprüfung der Prozesse und Verfahren des IPCC. Zusammenfassung, 2010, S. 10

gruppen von Wissenschaftlern und Regierungsvertretern verhandelt. Bei diesem z.T. sehr zähen Prozess haben die Wissenschaftler immer das „letzte Wort". Eine wissenschaftliche Aussage bleibt daher im Kern immer erhalten.[18]

Für die (Klima-)Politik und Medien, speziell Wissenschaftsjournalisten, hat *die Sicherheit, dass die Ergebnisse der Klimaforschung in einem wissenschaftlichen Prozess entstanden sind*[19], eine große Bedeutung, denn für die Initiativen der Politik und eine seriöse Berichterstattung der Medien bedeutet dieses Kriterium eine breitere und sicherere Legitimationsbasis.

In der Laienwahrnehmung[20] spielen Glaubwürdigkeitskriterien wie *die Wahrnehmung von* Expertise[21] und *die Beteiligung von Forschern/Instituten mit hohem Bekanntheitsgrad und hoher Reputation* eine große Rolle.[22]

Werden wissenschaftliche Erkenntnisse von der Politik aufgegriffen und verarbeitet, bspw. in offizielle Dokumente eingearbeitet, öffentlich erwähnt oder als Grundlage für politische Entscheidungen herangezogen, erhalten diese Erkenntnisse auch Einzug in die Medien und werden so auch größeren Teilen der Bevölkerung bekannt. Eine weitere Möglichkeit ist, dass die Medien unabhängig von der Politik die Erkenntnisse aufgreifen und verarbeiten. Diese faktische *Anerkennung der Ergebnisse durch Politik und/oder Medien* trägt auch zur Vertrauensbildung in die Ergebnisse in der Bevölkerung bei, da die Ergebnisse bereits durch diese wichtigen Meinungsmacher (die ihrerseits einen hohen Stellenwert als gesellschaftliche Akteure einnehmen) anerkannt, sozusagen vorgefiltert wurden.

Bei der Vermittlung wissenschaftlicher Erkenntnisse nehmen die Medien die zentrale Rolle ein.[23] Da Wissenschaftler aus der ganzen Welt an den Berichten des IPCC beteiligt sind, nutzen die jeweiligen nationalen Medien „vertraute

---

18 Interview mit Peter Lemke, Coordinating Lead Author (CLA) im 4. Sachstandsbericht sowie Review Editor im 5. Sachstandsbericht, 14.2.2010.
19 Vgl. Krott, Max und Suda, Michael: Macht Wissenschaft Politik? Erfahrungen wissenschaftlicher Beratung im Politikfeld Wald und Umwelt, VS Verlag für Sozialwissenschaften, Wiesbaden 2007, S. 150.
20 Zu den Laien zählen alle gesellschaftlichen Gruppen und jeder einzelne Bürger außerhalb des spezifischen Bereichs der Wissenschaft.
21 Vgl. Maderthaner, Rainer: Psychologie, Facultas Verlags- und Buchhandels AG, Wien 2008, S. 346.
22 Vgl. Krott, Max und Suda, Michael: Macht Wissenschaft Politik? Erfahrungen wissenschaftlicher Beratung im Politikfeld Wald und Umwelt, VS Verlag für Sozialwissenschaften, Wiesbaden 2007, S. 150.
23 Die Bedürfnisse von Medien („große Geschichten", mediale Persönlichkeiten etc.) sind nicht Gegenstand der Untersuchung. Als vertiefende Lektüre empfiehlt sich dazu von Aretin, Kerstin und Wess, Günther: Wissenschaft erfolgreich kommunizieren, WILEY-VCH Verlag GmbH & Co KGaA, Weinheim 2005.

Gesichter" mit hoher Reputation auf nationaler Ebene zur Informationsgewinnung. Die Medien bedienen dabei zweier Schnittstellen: Sie sind selbst Laien und auf die Übersetzung komplexer Themen durch die Wissenschaft angewiesen und übersetzen ihrerseits die gewonnenen Informationen für die Veröffentlichung. Die Öffentlichkeit erhält durch die Medien also eine bereits auf Glaubwürdigkeit gefilterte Darstellung des Autors. Die Medienberichterstattung hat darüber hinaus auch Einfluss auf politische Entscheidungsträger, die bei (klima-)politischen Entscheidungen auch immer wieder Stimmungsbilder/Argumente der Öffentlichkeit, die über die Medien zurückgespiegelt werden, in ihre Entscheidungsprozesse einbeziehen.[24]

Ein verständliches Anliegen von Laien ist *Sicherheit in Form von Gewissheiten*. Insbesondere Politiker fordern diese Gewissheiten immer wieder ein, denn sie sollen zur Entwicklung verlässlicher Handlungsoptionen dienen. Hier liegt eine Gefahrenquelle für die Glaubwürdigkeit von Wissenschaft, denn die „Lieferung von Gewissheiten" widerspricht dem wissenschaftlichen Selbstverständnis. Wissenschaft lässt sich, stark verkürzt, auf das methodische Vorgehen zum Erkenntnisgewinn darstellen. Dabei ist Wissenschaft ein offener Prozess, in dem es keine letztgültigen Wahrheiten und damit Gewissheit geben kann, sondern immer eine mehr oder minder große Unsicherheit über Ergebnisse herrscht[25] oder wie 1780 treffend ausgeführt:

> „*Eine Wissenschaft überhaupt kann nicht blos aus Wahrheiten bestehen, welche, wo nicht mathematisch doch philosophisch, also aus unumstößlichen Gründen sich erweisen lassen. Wenn nicht mehr in das Gebiet einer Wissenschaft gehörte, so würde eine jegliche in sehr engen Bezirken eingeschlossen seyn. Der Inbegrif gewisser Wahrheiten, welche des Erweises fähig, aber darum noch nicht wirklich erwiesen sind, scheint der gewöhnlichen Vorstellung von einer Wissenschaft angemessener zu seyn.*"[26]

Wie in vielen wissenschaftlichen Bereichen stehen auch in der Klimaforschung, die sich mit dem anthropogenen Klimawandel beschäftigt, das Wie, Warum und das Ausmaß auf der Tagesordnung des diskursiven Prozesses. Exemplarisch betrachtet gibt es unter den deutschen Klimaforschern (die zu 73% den Men-

---

24 Vertiefende Literatur zur zentralen Rolle der Medien findet sich bspw. bei Kerstin von Aretin und Günther Wess (Hrsg.) in: Wissenschaft erfolgreich kommunizieren, WILEY-VCH Verlag, Weinheim 2005 oder bei Weingart et al. in: Von der Hypothese zur Katastrophe, 2. Aufl., Verlag Barbara Budrich, Opladen & Farmington Hills 2008.
25 Hertbert Schwetz et al. berufen sich dazu auf www.uni-magdeburg.de/ipw/texte/einf-pw/material/wasiswis.html mit Stand 23. Mai 2008 (die jedoch nicht mehr verfügbar ist), in: Einführung in das quantitativ orientierte Forschen und erste Analysen mit SPSS 18, Wien 2010, S. 20.
26 Ohne Namensnennung des Autors, in: Über die Glaubwürdigkeit der Medizinalberichte in peinlichen Rechtshändeln, Berlin bei Haude und Spener, 1780, S. 9.

schen als eine mehr oder weniger bedeutende Ursache des Klimawandels betrachten)[27] „überzeugte Warner", von vielen auch als „Alarmisten" bezeichnet, ebenso wie „Gemäßigte". Die Kontroversen zwischen Alarmisten und Gemäßigten finden auch öffentlich statt. Die Akzeptanz von Kontroversen als legitimes Mittel wissenschaftlicher Kommunikation stößt in den Medien und in der Öffentlichkeit jedoch auf deutliche Vorbehalte, obwohl sie in anderen Bereichen wie der Politik durchaus ein gängiges und erfolgreiches Mittel der Medialisierung ist.[28] So steht für den Laien der wissenschaftliche Diskurs oft synonym mit einer Kontroverse im Wettkampf um die unversöhnliche Deutung „richtig" oder „falsch".

Die Infrastruktur des Klimawissens kann wie jede Wissenschaft in komplexen Zusammenhängen immer nur auf Annäherungen an die Wirklichkeit beruhen, niemals aber auf Gewissheit. Paul N. Edwards führt aus, dass der IPCC explizit den vorläufigen Charakter von Klimawissen dadurch anerkennt, dass immer wieder *Kontroversen* im Konsens durch die Beschreibung der Vergangenheit und Zukunft des Klimas in Korridoren und Wahrscheinlichkeiten ausgedrückt wird und nicht als klare Linie ohne Abweichungen.[29]

Eine 100%ige Gewissheit der Wissenschaft in hochkomplexen Systemen kann es nicht geben. Jedoch kommen die Ergebnisse aus dem AR 4 einer Gewissheit sehr nahe, da sie von einer hohen Wahrscheinlichkeit von >90% eines anthropogen verursachten Klimawandels ausgehen.[30]

Je unabhängiger eine Expertise ist bzw. diese als unabhängig wahrgenommen wird, desto größer ist die Glaubwürdigkeit.[31] Der IPCC ist ein Gremium der

---

27 Vgl. Post, Senja: Speziell und hochengagiert – Eine Online-Befragung der deutschen Klimaforscher, in: Sozialforschung im Internet. Methodologie und Praxis der Online-Befragung, Jackob, Nikolaus et al. (Hrsg.), 2008, S. 264ff., sowie Hans Kepplinger und Senja Post in Welt online: Die Klimaforscher sind sich längst nicht sicher, 25.9.2007. Allerdings unterscheidet Post zwischen „überzeugten Warnern" und „skeptischen Beobachtern". Die letzte Einschätzung wird von der Autorin nicht geteilt, da sie nicht alarmistisch agierende Wissenschaftler sprachlich nah den Klimaskeptikern rückt und ihnen mit dem Status „Beobachter" nur eine passive Rolle zuteilt. Durchaus nehmen Nichtalarmisten aber bspw. aktiv an der Erstellung von IPCC-Sachstandsberichten teil.

28 Antos, Gerd und Gogolok, Kristin in Weitze, Marc-Denis und Liebert, Wolf-Andreas (Hrsg.): Kontoversen als Schlüssel zur Wissenschaft. Wissenskulturen in sprachlicher Interaktion, transcript Verlag Bielefeld 2006, S. 115.

29 Edwards, Paul N.: A Vast Machine. Computer Models, Climate Data, and the Politics of Global Warming, The MIT Press Cambridge, Massachusetts, London, England 2010, S. 438.

30 IPCC: Klimaänderung 2007: Synthesebericht, Zusammenfassung für politische Entscheidungsträger, 2007, S. 8.

31 Vgl. Homburg, Andreas und Matthies, Ellen: Umweltpsychologie: Umweltkrise, Gesellschaft und Individuum, Juventa Verlag, Weinheim, München 1998, S. 34, sowie Krott, Max und

UNEP und der WMO, ist jedoch wissenschaftlich ergebnisoffen. Eine echte Unparteilichkeit und Unabhängigkeit ist ein Ideal, da jeder Einzelne Teil des eigenen Wertekanons ist. Wissenschaft kann nicht wertneutral im luftleeren Raum betrieben und Sachfragen können nicht „ideologiefrei" beantwortet werden. Insbesondere wird die Glaubwürdigkeit dann gefährdet, wenn wissenschaftliche Kontroversen und widersprüchliche Erkenntnisse von Politikern und Interessenverbänden instrumentalisiert werden, um Druck auszuüben oder Konsequenzen zu verhindern.[32] Schnell kann sich die Wissenschaft im sogenannten Expertendilemma befinden, indem Wissenschaftler in ihren Stellungnahmen zu unterschiedlichen Aussagen bezüglich des gleichen Sachverhaltes kommen. Armin Grunwald identifiziert dabei nicht die wissenschaftlichen Erkenntnisse, sondern die Beurteilung dieser Erkenntnisse als eigentliches Problem. Experten sind immer auch Teil der Gesellschaft mit eigenen weltanschaulichen Vorstellungen und Dispositionen und einer Affinität für ihr eigenes wissenschaftliches Gebiet. Davon ist ihre Rolle als neutrale Gutachter nicht klar trennbar und es besteht die Gefahr, dass Bewertungen auf der Basis eigener Überzeugungen vorgenommen werden.[33] Daraus folgt, dass Wissenschaftler möglichst klar ihre Abhängigkeiten, Forschungsinteressen und Werthaltungen offenlegen und nach größtmöglicher Objektivität ihrer Erkenntnisse streben sollten.[34]

Je höher die relative Einigkeit in der Wissenschaftsgemeinde zu Forschungsthemen ist, desto größer ist die Glaubwürdigkeit. Eine weitestgehend konsensuale Meinung von Experten wird als sicher(er) empfunden. Auch das ist ein Baustein der Glaubwürdigkeit des IPCC, da an der Entstehung der IPCC-Sachstandsberichte zu den Klimaänderungen bisher einige Tausend Wissenschaftler beteiligt waren. Eine genaue Zahl oder Gesamtübersicht liegt dazu öffentlich nicht vor (Stand Juni 2011). Jedoch wurden bspw. für die Erstellung des AR 5 insgesamt 3.000 Experten nominiert, von denen 831 ausgewählt wurden. Die Liste dieser weltweit beheimateten Wissenschaftler ist auf der Internetseite des IPCC abrufbar.[35] In den 4. Sachstandsbericht gingen 18.000 wissen-

---

Suda, Michael: Macht Wissenschaft Politik? Erfahrungen wissenschaftlicher Beratung im Politikfeld Wald und Umwelt, VS Verlag für Sozialwissenschaften, Wiesbaden 2007, S. 60.

32　Weitze, Marc-Denis und Liebert, Wolf-Andreas: Kontoversen als Schlüssel zur Wissenschaft. Wissenskulturen in sprachlicher Interaktion, transcript Verlag Bielefeld 2006, S. 8ff.

33　Vgl. Grunwald, Armin: Technikfolgenabschätzung – eine Einführung, edition sigma, Berlin 2010, S. 154ff.

34　Vgl. Maderthaner, Rainer: Psychologie, 2008, S. 43, sowie Schnabel, Ulrich: Das Expertendilemma, in: Die Zeit, Ausg. 25, abrufbar unter http://www.zeit.de/2000/25/200025.experten dilemma_.xml (16.4.2011).

35　IPCC: Liste der Autoren des AR5: http://www.ipcc.ch/pdf/ar5/ar5_authors_review_editors _updated.pdf (Stand 16.4.2011).

schaftliche Veröffentlichungen ein. Am AR 4 waren 2.500 „Expert Reviewers", 800 „Contributing Authors", 450 „Lead Authors" aus 130 Ländern beteiligt.[36] Die Glaubwürdigkeit einer wissenschaftlichen Erkenntnis kann auch durch *Stimmigkeit mit der erlebten Realität* eintreten. Dies ist oft individuell subjektiv (im Freundeskreis stirbt ein Raucher an Lungenkrebs – Rauchen führt zu tödlichen Krankheiten) oder kollektiv subjektiv (der zweite heiße Sommer in Folge – das kann nur der Klimawandel sein). Dabei ist es ausreichend, dass der Sachverhalt vom Laien so wahrgenommen wird, unabhängig vom Wahrheitsgehalt. Es handelt sich hier demnach um eine mögliche Schwachstelle von Glaubwürdigkeit, die allerdings faktisch nicht „behoben" werden kann, sondern hier kommt es vor allem auf die richtige Art der Kommunikation von Sachverhalten an.

Vertrauen und Glaubwürdigkeit entstehen in Kommunikationsprozessen. Komplexe wissenschaftliche Ergebnisse sind in hohem Maße erklärungsbedürftig. Hinzu kommt im Themenbereich Klimawandel, dass er nicht nur ein komplexes globales Problem darstellt, sondern für Laien überhaupt erst durch die Kommunikation der Wissenschaft wahrnehmbar ist.[37] Zudem sind große wissenschaftliche Fragestellungen, die auf gesellschaftliche Veränderungsprozesse hinwirken, im Blickpunkt der Öffentlichkeit. Durch ihren großen Einfluss auf Politikgestaltung und Gesellschaft werden sie politisiert und polarisiert.[38] Um dem entgegenzuwirken, ist ein *offener und transparenter Kommunikationsstil von zielgruppengerechten Informationen* unabdingbar. Insbesondere sollte in Krisensituationen, die bspw. die Glaubwürdigkeit der Absender infrage stellen, schnell und adäquat kommuniziert werden. Damit wird die Möglichkeit eröffnet, das Vertrauen bei Zielgruppen zu wecken bzw. zu erhalten und Glaubwürdigkeit zu erreichen bzw. aufrechtzuerhalten.[39] Ein Mangel an Kommunikation, missverständliche Kommunikation oder alarmistische Kommunikation kann kontraproduktiv wirken.[40] Damit hat der IPCC in den letzten Jahren einige Erfahrungen gesammelt. Im Folgenden werden Schwachstellen der Glaubwürdigkeit des IPCC aufgezeigt.

---

36 Offener Brief des Deutschen Klima-Konsortiums e.V. (DKK) und des Nationalen Komitees für Global Change Forschung (NKGCF) vom 31.5.2010, S. 2, sowie Aussage von Peter Lemke, Coordinating Lead Author für den 4. und Review Editor für den 5. Sachstandsbericht des IPCC.
37 Weber, Melanie: Alltagsbilder des Klimawandels. Zum Klimabewusstsein in Deutschland, VS Verlag für Sozialwissenschaften Wiesbaden 2008, S. 59.
38 Vgl. von Aretin, Kerstin und Wess, Günther: Wissenschaft erfolgreich kommunizieren, Verlag WILEY-VCH Weinheim 2005, S. 6.
39 Hagenhoff, Svenja: Neue Formen der Wissenschaftskommunikation: Eine Fallstudienuntersuchung, Universitätsverlag, Göttingen 2007, S. 6.
40 Meyer, Michael: Vertrauen und Glaubwürdigkeit: interdisziplinäre Perspektiven, VS Verlag für Sozialwissenschaften, Wiesbaden 2005, S. 19.

1.4. Die IPCC-Glaubwürdigkeitsdebatte

Der IPCC kommt in seinem aktuellen 4. Sachstandsbericht von 2007 zu dem Ergebnis, dass die Erwärmung des Klimasystems eindeutig ist. Er stützt sich dabei auf die Beobachtungen des Anstiegs der mittleren globalen Luft- und Meerestemperaturen, dem ausgedehnten Abschmelzen von Schnee und Eis sowie dem Anstieg des mittleren globalen Meeresspiegels. Danach gehören elf der letzten zwölf Jahre (1995–2006) zu den zwölf wärmsten Jahren seit der instrumentellen Aufzeichnung der globalen Erdoberflächentemperatur (seit 1850).[41] Der größte Teil des beobachteten Anstiegs der mittleren globalen Temperatur seit der Mitte des 20. Jahrhunderts wurde „sehr wahrscheinlich" durch den beobachteten Anstieg der anthropogenen Treibhausgaskonzentrationen verursacht.[42]

Die Kritik am IPCC bzw. den Ergebnissen seiner Sachstandsberichte kommt von verschiedenen Absendern. Sie wird zum einen per se durch Klimaskeptiker geäußert, die den anthropogenen Klimawandel infrage stellen und damit die Ergebnisse des IPCC sowie den IPCC als Organisation ablehnen. Zum anderen wird Kritik situationsbezogen nach dem Bekanntwerden konkreter Vorfälle bzw. von Fehlern geäußert. Absender kommen dann bspw. aus den Reihen der Klimaforschung, der Politik, der Medien und der Gesellschaft, aber generell unabhängig von einem Infragestellen der wissenschaftlichen Hauptaussagen.[43] Anlass dafür war zunächst in 2004 die Kritik an der „Hockeyschläger-Kurve", die im 3. Sachstandsbericht einen starken Temperaturanstieg im 20. Jahrhundert abbildete. Seit der Veröffentlichung des Syntheseberichts 2001 waren die Methoden und damit auch die Ergebnisse des Hockeyschläger-Diagramms ein in der Wissenschaft und den Medien breit diskutiertes Thema.[44]

---

41 IPCC: Klimaänderung 2007: Synthesebericht, Zusammenfassung für politische Entscheidungsträger, 2007, S. 2.
42 Ibd., S. 6.
43 Bspw. in BBC News vom 16.8.2004: Climate legacy of hockey stick" unter http://news.bbc.co.uk/2/hi/3569604.stm (30.1.2011) oder Spiegel Online: Gletscherpanne empört Umweltminister Röttgen, 23.01.2010, unter www.spiegel.de/wissenschaft/natur/0,1518,673 568,00.html (12.3.2011) oder Jochen Stahnke und Matthias Wyssuwa in FAZ: Climate-Gate, 4.12.2009 oder oder Jonathan Leake in The Sunday Times „The great climate change science scandal" vom 29.11.2009, abrufbar unter http://www.timesonline.co.uk/tol/news/environment/article6936289.ece (12.3.2011). Climategate war Gegenstand einer parlamentarischen Untersuchung in UK, siehe www.publications.parliament.uk/pa/cm200910/cmselect/cmsctech/memo/climatedata/uc3202.htm (Abrufdatum 30.1.2011).
44 Bspw. in FAZ online vom 18.3.2005: Klimaanalyse. Zufall oder Zwangsläufigkeit", BBC News vom 16.8.2004: Climate legacy of hockey stick" unter http://news.bbc.co.uk/2/hi/3569604.stm (30.1.2011), Balling, Robert: The Increase in Global Temperature: What it Does and Does Not Tell Us, in: Marshall Institute Policy Outlook, September 2003 sowie

2009 folgte dann kurz vor der Weltklimakonferenz in Kopenhagen die Diskussion um einen Hacker-Angriff, der zur Veröffentlichung von E-Mails und Dokumenten von Klimaforschern – die maßgeblich an der Erstellung der IPCC Sachstandsberichte beteiligt sind – der britischen Universität von East Anglia im Internet führte. Danach sollten Daten aus öffentlich finanzierter Forschung zurückgehalten und Daten gefälscht oder bewusst irreführend aufbereitet worden sein. Dieser als „climategate" bekannt gewordene Skandal hatte im Dezember 2009 für beträchtlichen Wirbel gesorgt. Medien berichteten ausführlich und es kam zu politischen Debatten.[45]

Fast zeitgleich wurde ein Fehler im 4. Sachstandsbericht des IPCC bekannt. Im Bericht heißt es, dass die Himalaya-Gletscher mit hoher Wahrscheinlichkeit bis 2035 abgeschmolzen sein werden.[46] Wissenschaftler konnten nachweisen, dass diese Angabe hinsichtlich Schmelzrate, Schmelzgröße und Jahreszahl fehlerhaft ist. Der Fehler wurde von Medien weltweit aufgegriffen und publiziert.[47] Kritik wurde auch immer wieder am Vorsitzenden des IPCC, Rajendra Pachauri, geübt.[48] Nachforschungen ergaben, dass ein Forschungsinstitut Pachauris ein großes Forschungsprojekt auf der Basis der fehlerhaften Gletscherbehauptung eingeworben hatte.[49]

Seitdem haben hochkarätige Kommissionen die verschiedenen Vorfälle untersucht. Als Ergebnis stehen die Entlastung der Wissenschaftler, aber reichlich

---

McIntyre, Stephen und McKitrick, Ross: CORRECTIONS TO THE MANN et al. (1998) PROXY DATA BASE AND NORTHERN HEMISPHER-C AVERAGE TEMPERATURE SERIES, in: Energy & Environment, Volume 14, Number 6, 2003.

45 In den Medien bspw. in FAZ „Klima-Gate. Vor dem Gipfel" vom 4.12.2009 oder in Leake, Jonathan: The great climate change science scandal, Sunday Times vom 29.11.2009, abrufbar unter http://www.timesonline.co.uk/tol/news/environment/article6936289.ece (2.6.2011). Climategate war Gegenstand einer parlamentarischen Untersuchung in UK (vgl. http://www.publications.parliament.uk/pa/cm200910/cmselect/cmsctech/memo/climatedata/uc 3202.htm Abrufdatum 30.1.2011) und wurde am 2.12.2009 im amerikanischen Kongress debattiert.

46 IPCC Fourth Assessment Report: Contribution of Working Group II to the Fourth Assessment Report of the Intergovernmental Panel on Climate Change, 2007, Kapitel 10, S. 493.

47 Bspw. BBC am 5.12.2009 unter http://news.bbc.co.uk/2/hi/8387737.stm (30.12.2010); Spiegel am 19.1.2010 unter http://www.spiegel.de/wissenschaft/natur/0,1518,672709,00.html (30.12.2010) oder Guardian am 9.11.2009 unter http://www.guardian.co.uk/environment/ 2009/nov/09/india-pachauri-climate-glaciers (30.12.2010).

48 Vgl. Spiegel Online: Rettet den Weltklimarat! vom 25.1.2010, abrufbar unter www.spiegel.de/ wissenschaft/natur/0,1518,673765,00.html (19.3.2011).

49 Vgl. Spiegel Online: Rettet den Weltklimarat! vom 25.1.2010, abrufbar unter www.spiegel.de/ wissenschaft/natur/0,1518,673765,00.html (19.3.2011) oder Zeit Online: Forscher fordern den Rücktritt des Weltklimarat-Chefs, 9.2.2010, abrufbar unter http://www.zeit.de/wissen/ umwelt/2010-02/pachauri- ruecktrittsforderung (19.3.2011).

Kritik an der Nichteinhaltung oder schlampigen Umsetzung bereits bestehender Verfahren und Prozessen des IPCC, die diese Vorfälle erst möglich gemacht haben. Gleichzeitig aber bestätigten alle Kommissionen die wissenschaftlichen Resultate.[50] Darüber hinaus kommen Forscher und Wissenschaftsorganisationen zu dem Schluss, dass die Tatsache, dass die IPCC-Qualitätssicherung nicht zu hundert Prozent funktioniert habe, nicht bedeute, dass die Grundaussagen nicht mehr gültig seien bzw. die Klimaforschung im Ganzen versagt habe.[51]

„Die Aussagen des Weltklimarats müssen aber nicht nur der wissenschaftlichen Fachgemeinschaft standhalten, sondern auch der öffentlichen Kritik. Das bedeutet, dass die Glaubwürdigkeit auch von dem Vertrauen in den IPCC als Institution abhängt. Dieser steht damit nicht nur vor der Herausforderung, Informationen sachlich zu vermitteln, sondern auch nachzuweisen, dass und warum diese glaubwürdig sind."[52]

Als Antwort auf die internen und externen Kritikpunkte und um die Qualität der Sachstandsberichte weiterhin zu gewähren und zu optimieren, beauftragten die VN und der IPCC im März 2010 daher das InterAcademy Council (IAC), ein multinationales Netzwerk von Wissenschaftsakademien, eine unabhängige Begutachtung der Prozesse und Verfahren des IPCC durchzuführen.

In dem im August 2010 vom IAC vorgelegten Bericht beurteilt das Untersuchungskomitee die Sachstandsberichte als „insgesamt erfolgreich". Das Komitee empfiehlt jedoch auch, die Managementstrukturen des IPCC „grundsätzlich zu reformieren" und sein Regelwerk konsequenter umzusetzen. Der Bericht enthält auch eine Liste von Empfehlungen für den IPCC. Die Hauptempfehlungen des IAC beziehen sich auf die Führung und das Management des IPCC, den IPCC-Review-Prozess, die Beschreibung von Unsicherheiten sowie auf eine offenere Kommunikation und Transparenz im Begutachtungsprozess.[53] Exemplarisch sei die Kritik an dem Bericht der Arbeitsgruppe II „Auswirkungen, Anpassung und

---

50 Vgl. Parliamentary Science and Technology Select Committee, März 2010, Lord Oxburgh Scientific Assessment Panel Report, April 2010, Russell, Muir et al.: The Independent Climate Change E-Mails Review, Juli 2010 sowie Bericht der Niederländischen Umweltagentur über regionale Kapitel der Arbeitsgruppe 2, Juli 2010.
51 Deutsches Klima-Konsortium und Nationales Komitee für Global Change Forschung: Offener Brief hinsichtlich der Kritik an den IPCC-Sachstandsberichten, 31. Mai 2010, und Beck, Silke in: Aus Politik und Zeitgeschichte, 32–33/2010, Beilage zur Wochenzeitung Das Parlament vom 9.8.2010: Zur Glaubwürdigkeit in der Klimaforschung, S. 20. Beck bezieht sich auf den Offenen Brief DKK NKGCF.
52 Jasanoff, Sheila: Testing Time for Climate Science, in Science: 328 (2010) 5979, S. 695f. zitiert von Beck, Silke in: Aus Politik und Zeitgeschichte, 32–33/2010, Beilage zur Wochenzeitung Das Parlament vom 9.8.2010: Zur Glaubwürdigkeit in der Klimaforschung, S. 21.
53 Vgl. IAC, Kommission zur Überprüfung des UN-Weltklimarats (IPCC): IPCC-Berichte zum Klimawandel. Überprüfung der Prozesse und Verfahren des IPCC. Zusammenfassung, 2010.

Verwundbarkeiten" genannt. Er enthalte viele Schlussfolgerungen, die sich mit der Fachliteratur nicht ausreichend begründen lassen, nicht im richtigen Licht dargestellt werden oder undeutlich sind.[54] Die Reformen auf der Grundlage der Empfehlungen des IAC sollen zeitnah implementiert werden.
Der AR 4 des IPCC umfasste die Analyse von 18.000 Publikationen, der Bericht besteht aus ~3.000 Seiten. Damit liegen wenige öffentlichkeitswirksame Fehler (bspw. die Zeitangabe zum Abschmelzen des Himalaya-Gletschers) noch im Toleranzbereich, wiegen aber aufgrund ihrer unmittelbaren Politikwirkung schwerer. Umso wichtiger ist *die adäquate Kommunikation von Fehlern und Unstimmigkeiten bzw. eine adäquate Reaktion auf Kritik.*

Zusammenfassend zeigt die Analyse, dass der IPCC den Kriterien der Glaubwürdigkeit in einem hohen Maße genügt. Insbesondere ist seine Glaubwürdigkeit innerhalb des Wissenschaftssystems – mit Abstrichen bei Verfahren und Ergebnissen der Arbeitsgruppe II – sehr hoch. Dreh- und Angelpunkt der Glaubwürdigkeit in der Laienwahrnehmung sind die adäquate Kommunikation von Ergebnissen und Fehlern sowie der Umgang mit Kritik.

Silke Beck kommt zu dem Schluss, dass der immer wiederkehrende Vorwurf, dass eine kleine Elite von politisch motivierten wissenschaftlichen Überzeugungstätern („Propheten des Untergangs") permanent hinter verschlossenen Türen wissenschaftliche Verfahren korrumpiere, Daten manipuliere und auf diese Weise Politik und Öffentlichkeit betrüge, nur dann ausgeräumt werden kann, wenn die Vorgehensweisen des IPCC transparenter und öffentlich zugänglich gemacht werden. „Transparenz und Zugänglichkeit förderten nicht nur die Resonanz- und Anschlussfähigkeit, sondern auch die Glaubwürdigkeit und Robustheit des IPCC."[55] Gleichzeitig erforderten sie auch neue Verfahren der Qualitätskontrolle für politisch relevantes Wissen, die gewährleisten, dass Prozesse der Teilnahme und Öffnung nicht auf Kosten der wissenschaftlichen Glaubwürdigkeit gehen."[56]

1.5. Erkenntnisgewinn für die Handlungsempfehlungen

Bei einer Kritik am IPCC sind für deutsche Medien vor allem die deutschen Klimaforschungsinstitute und ihre Wissenschaftler der erste Ansprechpartner. Fehler, die in dem komplexen Gesamtprozess entstanden sind und auch immer

---

54 Ibd., o.S. (9).
55 Beck, Silke in: Aus Politik und Zeitgeschichte, 32–33/2010, Beilage zur Wochenzeitung Das Parlament vom 9.8.2010: Zur Glaubwürdigkeit in der Klimaforschung, S. 21.
56 Ibd.

wieder entstehen werden, sollen künftig im Wege einer grundlegenden Reform der IPCC-Verfahren weitestgehend minimiert werden. Ein Ausschluss von Fehlern ist aufgrund der Komplexität nicht möglich. Für diesen Fall soll insbesondere die **„Krisenkommunikation"** auch der deutschen Klimaforschung verbessert werden.

Zusätzlich sollten deutsche Wissenschaftler und Politiker gleichermaßen darauf hinwirken, dass die IAC-Empfehlungen nicht verwässert werden, sondern notwendige Reformen konsequent umgesetzt werden, um Angriffsflächen auf die Glaubwürdigkeit des IPCC und „Steilvorlagen" für Klimaskeptiker zu verkleinern. Dies betrifft sowohl die **Einflussnahme durch deutsche Wissenschaftler als auch durch politische Entscheidungsträger**, die am Zustandekommen von Regeln und Verfahren für den IPCC beteiligt sind.

Es ist es von entscheidender Bedeutung, auch Laien durch gezielte Öffentlichkeitsarbeit und **adäquate Kommunikation** über wissenschaftlich anerkannte Ergebnisse und deren Relevanz für die Lebenswelt zu informieren. Dem Dialog mit den Medien kommt dabei eine zentrale Rolle zu und daher sollte vorausschauend eine **Medienkompetenz** auch im Umgang mit klimaskeptischen Fragestellungen erworben werden.

Handlungsbedarf besteht auch bei der Vermittlung des Verständnisses von Wissenschaft als Prozess und nicht als Lieferant endgültiger Wahrheiten. Hier könnte in der Schulbildung die Lehre eines **differenzierteren Verständnisses von Wissenschaft** unterstützen.

2. Klimaskepsis

Wie die Ausführungen des vorangegangenen Kapitels zeigen, gibt es keinen Grund, an dem wissenschaftlich akkuraten Zustandekommen der inhaltlichen Ergebnisse des IPCC im Bereich der naturwissenschaftlichen Grundlagen zu zweifeln. Die Regeln guter Praxis wissenschaftlichen Arbeitens und darüber hinaus Professionstugenden werden weitestgehend beachtet bzw. derzeit reformiert. Das Hauptargument der Klimaskeptiker ist es jedoch, dass die Ergebnisse grundsätzlich falsch sind. Insgesamt sprechen Klimaskeptiker der Klimaforschung zum anthropogenen Klimawandel, der Organisation des IPCC und seinen Arbeitsergebnissen die Glaubwürdigkeit ab.

Warum messen Klimaskeptiker den IPCC nicht an den überprüfbaren Glaubwürdigkeitskriterien bzw. interpretieren die Bewertung fundamental anders? Dazu werden nachfolgend die Historie der Klimaskepsis und die Argumente und Arbeitsweisen der Klimaskeptiker näher beleuchtet.

2.1. Klimaskepsis im Wandel der Zeit

Klimaforschung war, insbesondere in ihrer Entstehungsphase, nicht unumstritten. Die Etablierung des Klimathemas hat sich nach Weingart in wissenschaftlichen, politischen und medialen Diskursphasen vollzogen.

Danach gilt als erste *selbstbezügliche Phase* (1975–1985) des wissenschaftlichen Diskurses die Zeit, in der die Hypothesen zu einem möglichen anthropogenen Klimawandel dringlicher wurden. Die damit verbundene wachsende Besorgnis der Klimaforscher äußerte sich bis etwa Mitte der 1980er Jahre vor allem in der Forderung nach weiteren Forschungsmitteln, um die Entwicklungen weiter beobachten zu können.[57] Parallel dazu ist der politische Diskurs von *Skepsis und Abwehr* gekennzeichnet. Die Regierung verwies abwartend auf die wissenschaftliche Beobachtung, sah aber weder Gefahr noch Handlungsdruck.[58]

---

57 Vgl. Weingart, Peter et al.: Von der Hypothese zur Katastrophe. Der anthropogene Klimawandel im Diskurs zwischen Wissenschaft, Politik und Massenmedien, Verlag Barbara Budrich, Opladen & Farmington Hills 2008, S. 45ff.
58 Ibd., S. 64f.

Die zweite Diskursphase (1986–1990) der Wissenschaft bezeichnet Weingart als *politikorientiert* und Phase der *wissenschaftlichen Schließung*. Sie beginnt, als die Deutsche Physikalische Gesellschaft (DPG) sich 1986 mit einer Warnung vor der drohenden Klimakatastrophe an die weitere Öffentlichkeit wandte. Jetzt richteten sich die Forderungen der Wissenschaftler zunehmend auch auf politische Maßnahmen zur Verhinderung des Klimawandels. In Deutschland wurde 1987 die Enquete-Kommission „Vorsorge zum Schutz der Erdatmosphäre" gegründet, die 1990 ihren Bericht vorlegte. Auf internationaler Ebene wurde 1988 der IPCC gegründet, der auch 1990 seinen 1. Sachstandsbericht veröffentlichte. Beide Berichte lieferten eine wissenschaftliche konsensuale Einschätzung des Risikos und sprachen Empfehlungen an die Politik aus.[59] „Die Entwicklung in Deutschland hat sich zum Teil im engen Zusammenspiel mit der Forschung auf internationaler Ebene vollzogen, aber sie weist auch ihre Eigenheiten auf. Im Unterschied zum wissenschaftlichen Diskurs in den USA hat bspw. durch die Arbeit der ersten Enquete-Kommission vergleichsweise früh eine stabile wissenschaftliche Schließung stattgefunden, die skeptische Positionen gar nicht erst aufkommen ließ."[60]

Parallel dazu ist die zweite politische Diskursphase (1986–1992) durch *Katastrophismus* gekennzeichnet. Die Medien nahmen das von der DPG 1986 transportierte Bild einer drohenden Klimakatastrophe umfassend auf, daran konnte auch der zweite abgeschwächtere Bericht der DPG nichts mehr ändern. Der Begriff der Klimakatastrophe beherrschte von nun an den politischen Diskurs, der sich auf den „Indizienprozess" und das Vorsorgeprinzip als Handlungsmaxime stützte.[61] In dieser Phase gab es vor allem amerikanische Wissenschaftler im öffentlichen Diskurs, die dem anthropogenen Klimawandel skeptisch gegenüberstanden. Allerdings gab es skeptische Fachpublikationen nur sehr vereinzelt.[62]

Die dritte Phase des wissenschaftlichen Diskurses (1992–1995) wird von Weingart als *Institutionalisierung und Diversifizierung der wissenschaftlichen Politikberatung* bezeichnet. 1992 wurde die internationale Klimarahmenkonvention unterzeichnet, in Deutschland wurde eine zweite Enquete-Kommission eingerichtet und der Wissenschaftliche Beirat für Globale Umweltfragen (WBGU)

---

59 Weingart, Peter et al.: Von der Hypothese zur Katastrophe. Der anthropogene Klimawandel im Diskurs zwischen Wissenschaft, Politik und Massenmedien, Verlag Barbara Budrich, Opladen & Farmington Hills 2008, S. 46ff.
60 Ibd., S. 61.
61 Ibd., S. 71ff.
62 Vgl. Weingart, Peter et al.: Von der Hypothese zur Katastrophe. Der anthropogene Klimawandel im Diskurs zwischen Wissenschaft, Politik und Massenmedien, Verlag Barbara , Opladen & Farmington Hills 2008, S. 53f.

gegründet. In Gemeinschaft von Bund und Ländern werden wissenschaftliche Beratungsgremien wie das Wuppertal Institut für Klima, Umwelt und Energie und das Potsdam-Institut für Klimafolgenforschung geschaffen. Verschiedene Politikinstrumente zum Klimaschutz werden diskutiert.[63] Parallel dazu identifiziert Weingart die dritte Phase des politischen Diskurses mit der *Überführung des Klimaproblems in einen Gegenstand politischer Regulierung*.

Nach 1995–2005 folgte die Etablierung und Umsetzung des internationalen Klimaregimes mit dem Höhepunkt der Verabschiedung des Kyoto-Protokolls 1997 und seinem Inkrafttreten in 2005. Die Entwicklung und Umsetzung umfangreicher Klimaschutzmaßnahmen in vielen Ländern der Erde sind die Folge, so bspw. das Erneuerbare-Energien-Gesetz in Deutschland oder der EU-Emissionshandel.

Seit 2006 erleben wir nunmehr den Versuch der Weiterentwicklung und Fortschreibung des internationalen Klimaregimes. 2007 erhielt die Klimaforschung um den 4. Sachstandsbericht des IPCC zusammen mit Al Gore den Nobelpreis. Im gleichen Jahr begann die Glaubwürdigkeitskrise des IPCC (vgl. Kap. 1.4) ausgelöst durch eine Häufung weniger, aber öffentlichkeitswirksamer (z.T. vermeintlicher) Fehler und Ungenauigkeiten im 3. und 4. Sachstandsbericht, begleitet von schwerwiegenden Fehlern bei der Krisenkommunikation. Klimaskeptiker auf der ganzen Welt berufen sich immer wieder auf diese Kritikpunkte.

Unterschieden werden muss auch zwischen skeptischen Positionen gegenüber dem anthropogenen Klimawandel und der Kritik gegenüber wissenschaftlichen Unsicherheiten und an Leistungsgrenzen der Technologien, Methoden und Modelle. Insbesondere steht der IPCC im Zentrum der Kritik, auch weil er eigene Ergebnisse revidiert – ein Vorgang, der in der Wissenschaft normal und wichtig ist. Trotz aller Kritik haben Skeptiker im Mediendiskurs in Deutschland jedoch zu keinem Zeitpunkt eine ähnliche Bedeutung wie in den USA erlangt, und auch ihr Einfluss auf die Politik ist insgesamt gering geblieben.[64]

2.2. Organisierte Akteure und Plattformen

Es gibt zahllose Internetseiten von Klimaskeptikern.[65] Auch auf YouTube finden sich zahlreiche Beiträge[66] ebenso wie in Blogs und Büchern.[67] Häufig wer-

---

63   Vgl. Weingart, Peter et al.: Von der Hypothese zur Katastrophe. Der anthropogene Klimawandel im Diskurs zwischen Wissenschaft, Politik und Massenmedien, Verlag Barbara Budrich, Opladen & Farmington Hills 2008, S. 45ff.
64   Ibd., S. 141ff.
65   Bspw. Www.Klimaskeptiker.Info oder www.climate-sceptic.com.

den aktiven Klimaskeptikern Verbindungen zur Industrie und die Finanzierung klimaskeptischer Aktivitäten durch die Industrie vorgeworfen.[68]

Eine fachliche/sachliche Debatte zwischen Vertretern und Gegnern des anthropogenen Klimawandels wird kaum innerhalb oder außerhalb der virtuellen bzw. medialen Welt geführt. Warum eine solche Debatte schwierig ist, wird auch im Folgenden untersucht. Dazu soll auch die nähere Betrachtung der organisierten Akteure, ihrer Plattformen sowie ihrer zentralen Argumentationsfiguren beitragen.

2.2.1. Weltweit

Das **Science and Environmental Policy Project** (SEPP) wird auf der Internetseite als nonprofit Forschungs- und Bildungsorganisation angegeben. Auf der Internetseite http://www.sepp.org/ finden sich jedoch keine weiteren Informationen zu Organisationsform, Sitz und Initiatoren (Stand 27.2.2011). Auf der Internetseite von „www.nipcc.org„ wird der Sitz von SEPP in Arlington, Virginia, angegeben. SEPP wurde demnach 1990 von Dr. S. Fred Singer, einem Atmosphärenphysiker, gegründet.[69] Allerdings findet sich auf der Seite in der Sparte Neuigkeiten unter „The Week That Was" die Angabe, dass Dr. S. Fred Singer der „Chairman" von SEPP ist, sowie ein Statement, das von Ken Haapala, Executive Vice President, Science and Environmental Policy Project (SEPP) stammt. Dieses Statement wird nachfolgend zitiert. Es steht exemplarisch für die typische Berichterstattung in „Stil und Ton" von Klimaskeptikern und wirkt hin auf die

---

66 Bspw. Youtube: „Klimaskeptiker Lord Monckton konfrontiert Greenpeaceaktivistin zu Global Warming" Interview mit einem unbekannten Greenpeace-Mitglied, hochgeladen am 16.1.2011 abrufbar unter http://www.youtube.com/watch?v=1s0NTaFEjwQ (6.2.2011) oder „Wolfgang Thüne über den Treibhauseffekt in einer Ansprache an Angela Merkel (CDU)" 9.12.2009 abrufbar unter http://www.youtube.com/watch?v=qpiw6PzJzic (12.2.2011).
67 Bspw. die Bücher von Lüdecke, Horst-Joachim: CO2 und Klimaschutz. Fakten. Irrtümer. Politik (Climate Gate), Bouvier Verlag, Bonn 2010 oder Singer, S. Fred und Avery, Dennis T.: Unstoppable Global Warming. Every 1,500 Years, Rowman&Littlefield Publishers 2008. Für die Blogs siehe bspw. http://www.climate-skeptic.com/ oder http://theclimateskeptics party.blogspot.com/.
68 Vgl. Climate Action Network Europe: Think globally sabotage locally. How and why European companies are funding climate change deniers and anti-climate legislation voices in the 2010 US Senate race. An investigation by Climate Action Network Europe, Oktober 2010 oder Oreskes, Naomi und Conway, Erik M.: Merchants of Doubt, Bloomsbury Press, New York 2010 oder www.sourcewatch.com (25.4.2011).
69 Vgl. The Website of the Nongovernmental Panel on Climate Change (NIPCC): About the NIPCC, ohne Datum, abrufbar unter http://www.nipccreport.org/about/about.html (6.2.2011).

Diskreditierung einzelner Personen sowie umweltpolitischer Instrumente und Maßnahmen, offenbart politische Einstellungen und ist sachfremd:

> „President Obama began an effort to show his administration is business friendly ... Further, Carol Browner announced she is leaving the White House as the Assistant to the President for Energy and Climate Change – a post not officially recognized. Ms. Browner is probably best known for her efforts as Administrator of EPA during the Clinton Administration, during which the EPA embarked upon many dubious studies, the most notorious of which was the environmental tobacco smoke (second hand tobacco smoke) study ..."[70]

Unter www.nipccreport.org/ findet sich die Internetseite des „**Nongovernmental International Panel on Climate Change**" (NIPCC), das von SEPP (S. Fred Singer) initiiert wurde. Die Seite macht einen wenig professionellen Eindruck, enthält aber eine Vielzahl von Informationen zur naturwissenschaftlichen Themen. Um welche Art von Organisationsform es sich beim NIPCC handelt, wird auf der Internetseite nicht genannt. Das Herzstück der NIPCC-Internetseite ist der Bericht „Climate Change Reconsidered"[71] von 2009, der sich mit Inhalt, Umfang und Begrifflichkeiten an den IPCC-Sachstandsberichten orientiert.[72] Der Bericht kritisiert den 4. Sachstandsbericht des IPCC. Zusätzlich enthält der Bericht das „Petition Project" mit einem Verzeichnis von 31.478 amerikanischen Wissenschaftlern, die folgende Petition unterschrieben haben:

> „We urge the United States government to reject the global warming agreement that was written in Kyoto, Japan in December, 1997, and any other similar proposals. The proposed limits on greenhouse gases would harm the environment, hinder the advance of science and technology, and damage the health and welfare of mankind. There is no convincing scientific evidence that human release of carbon dioxide, methane, or other greenhouse gases is causing or will, in the foreseeable future, cause catastrophic heating of the Earth's atmosphere and disruption of the Earth's climate. Moreover, there is substantial scientific evidence that increases in atmospheric carbon dioxide produce many beneficial effects upon the natural plant and animal environments of the Earth."[73]

Initial gründete das Science and Environmental Policy Project (SEPP) bei einem Treffen in Mailand 2003 ein „Team B", um verfügbare wissenschaftliche Arbeiten des IPCC zum AR 4 zu evaluieren. Das „Team B" wurde nach dem Erscheinen des IPCC-Syntheseberichts im Februar 2007 aktiviert und in „NIPCC" umbenannt. Im April 2007 organisierte das NIPCC einen internationalen Klima-

---

70 Vgl. The Website of the Nongovernmental Panel on Climate Change (NIPCC): About the NIPCC, ohne Datum, abrufbar unter http://www.nipccreport.org/about/about.html (6.2.2011).
71 Craig Idso and S. Fred Singer, Climate Change Reconsidered: 2009 Report of the Nongovernmental Panel on Climate Change (NIPCC), Chicago, IL: The Heartland Institute, 2009.
72 Bspw. werden „Lead Authors" sowie „Contributers and Reviewers" benannt.
73 Craig Idso and S. Fred Singer, Climate Change Reconsidered: 2009 Report of the Nongovernmental Panel on Climate Change (NIPCC), Chicago, IL: The Heartland Institute, 2009, S. vi.

workshop, dessen Ergebnis und nachfolgender Forschungsarbeiten der Bericht „Climate Change Reconsidered" ist.[74] Der Bericht bleibt bezüglich des Entstehungsprozesses vage und gibt an, die Inhalte stammen von den Ergebnissen des Klimaworkshops 2007 und einer nachfolgenden Forschungsarbeit von „international scholars".[75] Da S. Fred Singer und Craig D. Idso in dem Vorwort wissenschaftliche Ergebnisse aus Peer-Review-Prozessen als unzuverlässige und inadäquate Basis für politische Entscheidungsträger bezeichnen, ist nicht davon auszugehen, dass die Inhalte des NIPCC-Berichts einen Peer-Review-Prozess durchlaufen haben. Die Autoren konstatieren, dass sich Politik stattdessen auf „demonstrable science" stützen sollte.[76]

Das Copyright des Berichtes wird angegeben mit „2009, Science and Environmental Policy Project and Center for the Study of Carbon Dioxide and Global Change", von dem nur eine Postfachadresse in Tempe in Arizona genannt wird. Über Internetsuchmaschinen ist es jedoch möglich, die Internetseite des Centers http://www.co2science.org/ zu finden. Das Center besteht aus vier Personen: Craig D. Idso, Chairman und Sohn von Sherwood B. Idso (President) sowie Bruder von Keith E. Idso (Vice-President) und Jennifer M. Stewart (Operations Consultant). Dr. Craig Idso ist früherer Direktor für Umweltwissenschaften der Peabody Energy in St. Louis, Missouri[77], dem weltweit größten privaten Kohleunternehmen.[78] Die Western Fuels Association, Inc. stellt einen Link auf die Webseite des Instituts mit folgender Beschreibung:

„The Center for the Study of Carbon Dioxide and Global Change was created to disseminate factual reports and sound commentary on new developments in the world-wide scientific quest to determine the climatic and biological consequences of the ongoing rise in the air's CO_2 content."[79]

Herausgeber des NIPCC-Berichtes ist „**The Heartland Institute**" in Chicago, Illinois. Dieses Institut ist eine gemeinnützige Forschungs- und Bildungsorganisation, die sich aus Spenden von Personen (16%), Stiftungen (57%) und Unter-

---

74 Craig Idso and S. Fred Singer, Climate Change Reconsidered: 2009 Report of the Nongovernmental Panel on Climate Change (NIPCC), Chicago, IL: The Heartland Institute, 2009, S. v.
75 Ibd., S. vi.
76 Ibd., S. v.
77 CO2 Science: Chairman, ohne Autor, ohne Datum abrufbar unter http://www.co2science.org/about/chairman.php (6.2.2011).
78 http://www.peabodyenergy.com/ (6.2.2011).
79 Western Fuels Association, Inc.: Links, abrufbar unter http://www.westernfuels.org/links.cfm (6.2.2011).

nehmen (27%) finanziert.[80] Das Institut bezeichnet sich als „Think Tank" der Vereinigten Staaten für Lösungen für einen freien Markt. Hauptsächliche Abnehmer der Arbeiten des Institutes sind lokale und nationale Regierungsvertreter.[81] In dem Jahresbericht 2009 des Institutes werden ausschließlich dem konservativen Flügel der Republikaner zuzurechnende Politiker dargestellt oder erwähnt.[82] Der Präsident des Heartland-Institutes, Joseph L. Bast, war Editor des Buches „*Unstoppable Global Warming – Every 1,500 Years*" von S. Fred Singer and Dennis Avery (Rowman & Littlefield, 2007).[83] Wie in seinem Jahresbericht 2009 weiter erwähnt, war das Heartland-Institut zudem Ausrichter der Konferenz „The 2009 Internationale Conference on Climate Change. Was there ever really a crisis?" in New York.[84] S. Fred Singer ist einer der „senior fellows" des Institutes.[85]

Wie das Science and Environmental Policy Project (SEPP) hat auch das **George C. Marshall Institute** seinen Sitz in Arlington, Virginia. Frederick Seitz war einer der Gründer des Institutes, das sich ab 1984 zunächst ausschließlich mit wissenschaftlichen und technischen Fragestellungen in der Verteidigungspolitik in den Zeiten des Kalten Krieges beschäftigte.[86] Die Internetseite des Institutes www.marshall.org weist anhand zahlreicher Beiträge aus, dass es sich um

---

80 The Heartland Institute: About, ohne Datum, ohne Autor, abrufbar unter http://www.heartland.org/about/ (6.2.2011).
81 The Heartland Institute: Abrufbar als Jahresbericht 2009: Q: Where do elected officials go to get the information they need?. Redefining Think Tank., o.J., S. 1, unter http://www.heartland.org/about/PDFs/2010Prospectus.pdf (6.2.2011) im Folgenden „Jahresbericht 2009" genannt.
82 Senatorin Sarah Palin auf S. 3 und S. 18 (Mitglied der Tea-Party-Bewegung), Senator Pamela Gorman auf S. 5 (Mitglied Tea-Party-Bewegung), Senator Jim DeMint auf S. 9 (Mitglied der Tea-Party-Bewegung), Congressman Paul Ryan auf S. 9, State Representative Eric Allan Koch auf S. 17, Candidate for State Senate Mary Pilcher-Cook auf S. 23.
83 The Heartland Institute: Joseph L. Bast – 2008 Resumé, ohne Datum, abrufbar unter http://www.heartland.org/policybot/results/12825/Joseph_L_Bast_2008_Resum%E9.html (6.2.2011).
84 Jahresbericht 2009, S. 11ff.
85 The Heartland Institute: http://www.heartland.org/about/seniorfellows.html (20.2.2011).
86 Vgl. http://www.marshall.org/category.php?id=13 (27.2.2011) sowie Oreskes, Naomi und Conway, Erik M.: Merchants of Doubt, Bloomsbury Press, New York 2010, S. 186ff.

einen konservativen politischen Thinktank handelt.[87] Der jetzige Präsident des Institutes ist als Sprecher und Autor beim Heartland Institute aufgeführt.[88]

Die **International Climate Science Coalition** (CSC) hat ihren Sitz in Ottawa, Kanada. Da als Kontaktadresse nur eine Postfachadresse des geschäftsführenden Direktors in Ottawa angegeben ist, ist zu vermuten, dass es sich um eine virtuelle Organisation handelt.

Die Internetseite ist verlinkt mit der des NIPCC. Sie enthält die einseitige „Manhattan Declaration on Climate Change" von 2008, die den Zusammenhang von CO_2-Emissionen und globalem Wandel infrage stellt, auf natürliche Ursachen der Erderwärmung verweist und diese per se als positiver als eine Erdkühlung bezeichnet. Als Medienkontakt für die Deklaration wird u.a. S. Fred Singer genannt. Die Deklaration wird von 1.497 Unterzeichnern unterstützt, die aus naturwissenschaftlichen, gesellschaftswissenschaftlichen, ingenieurwissenschaftlichen sowie unternehmerischen, politischen und zivilgesellschaftlichen Kontexten stammen. Exemplarisch werden die 34 deutschen Unterzeichner betrachtet: Darunter sind neben u.a. Schriftstellern und Ingenieuren insgesamt vierzehn Personen, die als Naturwissenschaftler ausgebildet sind. Darunter gibt es jedoch laut Berufsbezeichnung nur eine Minderheit, die hauptberuflich in der naturwissenschaftlichen Forschung auch zu Klimaänderungen tätig ist. Der überwiegende Teil ist als Schriftsteller, Lehrer, Berater, Unternehmer oder in der Industrie tätig. Es existieren CSC-Internetseiten für Neuseeland, Australien und die USA, die ähnliche Inhalte vorweisen.[89]

The Global Warming Policy Foundation (GWPF) wurde im November 2009 im House of Lords, UK, gegründet. Die Internetseite ist professionell aufgebaut. Die GWPF versteht sich als Thinktank mit dem Schwerpunkt der Analyse von Politik zum Klimawandel sowie dessen wirtschaftliche oder andere Folgen.[90] Einer der zwei Gründer von GWPF ist Dr. Benny Peiser, der politische Wissenschaften, Anglistik und Sportwissenschaften studierte und an der Univer-

---

87 Vgl. auch Wikipedia http://en.wikipedia.org/wiki/George_C._Marshall_Institute (27.2.2011) und Rahmstorf, Stefan: Im Treibhaus, in: http://www.pik-potsdam.de/~stefan/taz-essay.html (27.2.2011) sowie Oreskes, Naomi und Conway, Erik M.: Merchants of Doubt, Bloomsbury Press, New York 2010, S. 186ff.

88 Bspw. Kueter, Jeff: Marshall Institute Debunks UCS Report, in: The Heartland Institute: abrufbar unter http://www.heartland.org/healthpolicy-news.org/article/20445/Marshall_Institute_Debunks_UCS_Report.html vom 1.3.2007 (27.2.2011).

89 Alle Informationen dieses Absatzes stammen von der Internetseite http://www.climatescience-international.org/, insbesondere den Mitgliederlisten der Manhattan Declaration. Abrufdatum 12.2.2011.

90 The Global Warming Policy Foundation: Who we are, abrufbar unter http://www.thegwpf.org/who-we-are/history-and-mission.html (12.2.2011).

sität Frankfurt promovierte[91] und als visiting fellow an der Universität Buckingham tätig ist. Der zweite Gründer, Lord Lawson, ist ein britischer konservativer Politiker und Journalist. Die GWPF finanziert sich über Spenden „from a number of private individuals and charitable trusts ... it does not accept gifts from either energy companies or anyone with a significant interest in an energy company".[92]

2.2.2. Deutschland

In Deutschland gibt es nur eine öffentlich überregional bekannte Organisation bekennender Klimaskeptiker. Das **Europäische Institut für Energie und Klima** (EIKE) wurde 2007 als Zusammenschluss von Natur-, Geistes- und Wirtschaftswissenschaftlern, Ingenieuren, Publizisten und Politikern gegründet, die einen anthropogen verursachten Klimawandel als naturwissenschaftlich nicht begründbar erachten. Das Internetportal sagt nichts über den oder die Gründer aus, zur Kontaktaufnahme ist nur ein E-Mail-Formular verfügbar. Präsident von EIKE ist der Verleger Dr. Holger Thuss und zum Sitz des Instituts ist auf die Eintragung als Verein beim Amtsgericht Jena verwiesen. Das Institut finanziert sich laut Angabe aus freiwilligen Beiträgen seiner Mitglieder sowie Spenden. Obwohl die Bezeichnung „Institut" auf eine Forschungseinrichtung verweisen könnte, ist dies nicht der Fall. Das EIKE selbst betreibt keine Forschung, stützt sich aber auf Publikationen von Naturwissenschaftlern und führt Informationsveranstaltungen durch. Auffällig sind auch hier wie bei US-amerikanischen Klimaskeptikern aggressive Formulierungen und persönliche gerichtete Aussagen auf der Internetseite, z.B.:

„Es wird offenbar eng für die Alarmisten. Sonst würden die emsigen Klima-Katastrophenverhinderer von Bündnis 90/Die Grünen, in Gestalt ihrer Frontfrau Bärbel Höhn und des umtriebigen Abgeordneten Dr. Hermann Ott, ein Gewächs des weltbekannten ‚Wuppertal Institut für Klima, Umwelt, Energie GmbH' nicht eine Kampagane nach der anderen gegen die Klimarealisten – von ihnen fälschlich Skeptiker genannt – abfahren. Dabei scheint jedes Maß an Verleumdung gerechtfertigt. Hatten sie noch vor kurzem versucht mittels einer kleinen Anfrage (http://tinyurl.com/2c7w8s4) an die Bundesregierung ‚die Skeptiker' in

---

91 Peiser, Benny J.: Das dunkle Zeitalter Olympias: kritische Untersuchung der historischen, archäologischen und naturgeschichtlichen Probleme der griechischen Achsenzeit am Beispiel der antiken Olympischen Spiele, Lang, Frankfurt am Main 1993.
92 The Global Warming Policy Foundation: Who we are, abrufbar unter http://www.thegwpf.org/who-we-are/history-and-mission.html (12.2.2011).

ein schiefes Licht zu rücken, so soll es jetzt also ein ‚Fachgespräch' richten und Licht in die behaupteten düsteren Motive dieser Leute bringen ..."[93]

Das **European Committee For A Constructive Tomorrow** (CFACT Europe)[94] ist ein eingetragener Verein wiederum mit Sitz in Jena, der 2004 gegründet wurde. Aus dem Internetportal ist der oder die Gründer nicht ersichtlich, zur Kontaktaufnahme ist ein E-Mail-Formular verfügbar. Präsident des Vereins ist David Rothbard, über den – bis auf ein Video, bei dem er im Dunkel kaum erkennbar ist – keine weiteren Informationen gegeben werden.[95] Ein Wikipedia-Eintrag weist ihn als Bachelor of Arts der Fairfield Universität aus.[96] CFACT Europe tritt in Deutschland nicht als aktives klimaskeptisches Institut in Erscheinung. Bei den auf der Internetseite genannten „Board of Advisers" finden sich aus der EIKE-Internetseite bereits bekannte Namen wieder z.B. Gert-Rainer Weber und Michael Limburg.

2.3. Zentrale Argumentationsfiguren

Die wesentlichen Argumente von Kritikern des anthropogenen Klimawandels finden sich in dem in Großbritannien produzierten Film „The Great Global Warming Swindle" von 2007.[97] Ein großer Teil der darin vorgebrachten Argumente wird auch von der Mehrzahl der Klimaskeptiker unterstützt.[98] Insgesamt kommen in dem Film zwanzig Personen zu Wort, der überwiegende Teil davon Naturwissenschaftler. In Anlage I werden die einzelnen Argumente bzw. Argu-

---

93   EIKE: Bündnis 90/ Die Grünen „Fachgespräch" am 18.3.11: „Das Interesse am Zweifel – Die Strategien der sog. Klimaskeptiker und wer dahintersteht, Version 10.2.2011, abrufbar unter http://www.eike-klima-energie.eu/news-anzeige/buendnis-90-die-gruenen-fachgespraech-am-18311-das-interesse-am-zweifel-die-strategien-der-sog-klimaskeptiker-und-wer-dahintersteht/ (12.2.2011).

94   Nach Aussage von Tim Nuthall, European Climate Foundation wird CFACT in den USA vom Unternehmen Excon gefördert, während die Unterstützung in Europa/Deutschland nicht transparent ist. Aussage im Rahmen eines Fachgesprächs zur Veranstaltung „Strategien der sog. Klimaskeptiker und wer dahintersteht" des Bündnis 90/Die Grünen am 10.6.2011 im Deutschen Bundestag.

95   Vgl. http://cfact.eu/ (12.2.2011).

96   Wikipedia: David Rothbard, abrufbar unter http://en.wikipedia.org/wiki/David_Rothbard (12.2.2011).

97   Martin Durkin: „The Great Global Warming Swindle", Sunfilm Entertainment 2007. Die im Folgenden aufgeführten Argumente stammen –soweit nicht durch eine andere Quelle gekennzeichnet – aus den Interviews mit den Protagonisten des Films. Eine genaue Auflistung inkl. der Argumente einzelner Personen findet sich in Anlage I.

98   Basierend auf einer Auswertung von Positionen von weiteren 29 Klimaskeptikern aus Wissenschaft, Politik und Gesellschaft weltweit (Anlage I).

mentationszusammenhänge beteiligter Personen aufgeführt und es wird gezeigt, dass diese aufeinander aufbauen bzw. sich ergänzen. Die Argumente lassen sich in fünf Bereiche einteilen: (1) Ursachen der derzeitigen Klimaänderung, (2) Folgen der derzeitigen Klimaänderung, (3) methodische Vorgehensweise, (4) cui bono – wer profitiert vom Thema Klima, (5) Umgang mit Kritikern des IPCC.

2.3.1. Ursachen der derzeitigen globalen Erwärmung

Die Erläuterung der Klimaskeptiker für die historischen Klimaänderungen und die jetzige Erderwärmung ist die Sonnenaktivität, die bekannteste Theorie ist die in Verbindung mit dem Einfluss kosmischer Strahlung.[99]

Historische, archäologische und geologische Dokumente sowie Eisbohrkerne und Baumringe weisen darauf hin, dass das Klima nicht über längere Zeit gleich bleibt. Die Sonnentheorie erläutert die Klimaveränderungen in erster Linie anhand eines Zusammenspiels zwischen Sonnenzyklus, kosmischer Strahlung und Wolkenbildung. Die Sonne ändert sich in einem Zyklus von etwa elf Jahren, in dem sich dunkle Stellen auf der sichtbaren Sonnenoberfläche, sogenannte Sonnenflecken, zeigen und wieder verschwinden. Die Anzahl der Flecken verändert sich von Zyklus zu Zyklus. Die Theorie besagt, dass der Sonnenzyklus Einfluss auf historische und heutige Klimaveränderungen hat. Viele Sonnenflecken verursachten mehr Sonnenwinde, eine Sonnenmaterie, die aus elektrisch geladenen Teilchen besteht. Sonnenwinde sind Milliarden von Tonnen Sonnenmaterie, die mit einer Geschwindigkeit von 550 km/s von der Sonne weggesprengt werden.

Der Sonnenzyklus verändere die kosmische Strahlung, da der Sonnenwind die kosmische Strahlung abbremst, bevor sie auf die Erdatmosphäre trifft. Je mehr Sonnenflecken vorhanden sind, desto stärkere Sonnenwinde träten auf und in der Folge desto weniger kosmische Strahlen. Kosmische Strahlung erzeugte in der Luft chemische Reaktionen, änderte deren Leitfähigkeit und führte über die Verbindung mit übersättigtem Wasserdampf zur Wolkenbildung. Die kosmische Strahlung könnte für ca. 1/7 der Wolkendecke verantwortlich sein. Wolken führten zu einer Abkühlung des Klimas, verursachten durch eine Lichtstreuung auf

---

99 Die hier gewählte Darstellung der Sonnentheorie stützt sich weitestgehend auf Calder, Nigel: Die launische Sonne wiederlegt Klimatheorien, Dr. Böttiger Verlags GmbH, 1997, sowie Calder, Nigel und Svensmark, Henrik: Sterne steuern unser Klima, Patmos Verlag, Düsseldorf 2008. Die wesentlichen Elemente werden so auch von den Klimaskeptikern zuzurechnenden Klimaforschern wie den dänischen Physikern Henrik Svensmark und Richard Lindzen vertreten. Eine umfassendere Liste der Klimaskeptiker, die diese Theorie stützen, findet sich in Anlage I.

ihrer von der Sonne beschienen Seite sowie die Aufnahme von Energie durch Schwebeteilchen in den Wolken. Sind weniger kosmische Strahlen als Folge eines stärkeren Sonnenwindes vorhanden, entwickelten sich weniger Wolken. Dadurch entfiele die Absorption von Sonnenlicht durch die Wolken, folglich würde es wärmer. Wenn es auf der Erde am kältesten war, wäre demnach die kosmische Strahlung am stärksten und vice versa.

Davon abweichende Zahlen bezüglich der Durchschnittstemperaturen und der Menge kosmischer Strahlen fielen zusammen mit der Erwärmung des Stillen Ozeans durch den El-Niño-Effekt und dessen Beeinflussung der Durchschnittstemperatur. Wenn Temperaturen zu niedrig waren, so könne dies meist als Folge von Vulkanausbrüchen gewertet werden.[100]

Besonders ab etwa 1980 wäre die Erhöhung der bodennahen Temperatur, also der sogenannte „Klimawandel der Neuzeit", ein natürlicher klimatischer Effekt, der durch eine besondere Wirkung der Sonnenaktivität, quasi durch eine „solare Zusatzheizung" verursacht wurde: Mit ansteigender Sonnenaktivität in der 21. Sonnenfleckenperiode erfolgte ein entsprechend zunehmender synchroner Rückgang der Höhenstrahlung und dadurch ein Rückgang der globalen Bewölkung. Die dadurch bedingte Zunahme der Sonneneinstrahlung (Globalstrahlung) führe zum Anstieg der bodennahen Temperatur.[101]

Vereinfacht dargestellt: Die Sonne sei umso aktiver, je mehr Sonnenflecken sie aufweist – sie sende dann mehr Sonnenwinde (Energie) aus –, die Sonnenwinde „vertreiben" die kosmische Strahlung, die aus Supernovaexplosionen entsteht und für einen Teil der Wolkenbildung auf der Erde verantwortlich sein könnte – Wolken sind mit verantwortlich für Abkühlung des Klimas – es würde stattdessen also wärmer, je aktiver die Sonne ist.

Klimaskeptiker berufen sich auch darauf, dass CO_2 nur 0,05% aller Gase in der Atmosphäre ausmacht. Der menschliche Anteil davon ist noch geringer, daher könne es keine Rolle bei der Erderwärmung spielen. Weiterhin habe es in der Vergangenheit bereits größere Konzentrationen von CO_2 gegeben. Es habe zudem bereits wärmere Perioden als heute gegeben (bspw. im Holozän) ca. 6.000 v.Chr. Keine der Erderwärmungen der letzten 1.000 Jahre könne jedoch mit CO_2 erklärt werden. Aus Eisbohrkernen ist erkenntbar, dass in der Erdgeschichte zunächst Temperaturen ansteigen und dann das CO_2 folgen würde, d.h., die gestiegenen Temperaturen seien für die Erhöhung des CO_2 verantwortlich, nicht umgekehrt.

---

100 Vgl. Calder, Nigel: Die launische Sonne wiederlegt Klimatheorien, Dr. Böttiger Verlags GmbH, 1997, S. 185.
101 Vgl. Malberg, Horst, Beiträge zur Berliner Wetterkarte: Die unruhige Sonne und der Klimawandel, Verein BERLINER WETTERKARTE e.V. (Hrsg.), 7.5.2008.

CO_2 sei auch nicht der Verursacher der derzeitigen Erwärmung, da diese bereits vor dem Industriezeitalter begonnen hat und der größte Anteil davon, 0,5 °C, bereits vor 1940 verzeichnet wurde. Selbst während des Wirtschaftswachstums nach 1945 seien die Temperaturen vier Dekaden gefallen und stiegen erst ab 1975 wieder.

2.3.2. Folgen der derzeitigen globalen Erwärmung

Die Klimaskeptiker im Film „The Great Global Warming Swindle" argumentieren, dass Warmzeiten immer Zeiten waren, die sich positiv auf Mensch und Natur ausgewirkt hätten. Dass sich Polkappen ausdehnen und wieder kleiner werden, sei auch ein geschichtliches Phänomen. Grönland war bspw. nur 1.000 Jahre zuvor bereits wesentlich wärmer als heute, ohne dass eine dramatische Schmelze alles Leben bedroht hätte. Auch Permafrostböden seien vor ca. 7.000 bis 8.000 Jahren in einem wesentlich größeren Umfang geschmolzen als heute vorhergesagt. Es handele sich hier um ein historisches Muster. Der Meeresspiegel ändere sich auch immer wieder aufgrund von zwei Faktoren: Das Land steige oder falle (lokale Änderung) bzw. eine weltweite Änderung sei bedingt durch thermische Ausweitung und habe mit schmelzendem Eis nichts zu tun. Darüber hinaus benötige der Ozean Tausende von Jahren, um sich zu ändern. Wetterextremereignisse werden immer häufiger auf den Klimawandel zurückgeführt. Dies widerspräche den Grundprinzipien der Meteorologie, es würde sich dabei nur um Propaganda handeln. Die Hauptquelle der Extremereignisse sei der Temperaturunterschied zwischen Tropen und Polen. Dass in einer wärmeren Welt diese Differenz weniger wird, würde bedeuten, dass es weniger Extremereignisse gibt. Da dies nicht der Fall ist, würde das IPCC einfach das Gegenteil behaupten.

2.3.3. Methodenkritik

Das Argument der Klimaskeptiker in dem Film „The Great Global Warming Swindle" lautet, dass Klimamodelle mit der Realität wenig zu tun haben und abbilden, was immer gewünscht wird. Sie würden hochwissenschaftlich aussehen und seien eine gute Quelle für Geschichten der Medien. Wetterballondaten zeigten, dass sich die Atmosphäre nicht gleich oder mehr erwärme wie die Erdoberfläche, darauf würden jedoch alle Klimamodelle des IPCC gründen. Das bedeute, die Erwärmung habe nichts mit Treibhausgasen (THG) zu tun. Die

Klimamodelle beruhten zudem auf Annahmen von zweimal mehr CO_2, als in der Realität vorhanden sei, daher würden sie eine höhere Erwärmung ausweisen. Der Peer-Review-Prozess des IPCC sei inadäquat, so die Kritiker: *Policy should be set upon a background of demonstrable science, not upon simple (and often mistaken) assertions that, because a paper was refereed, its conclusions must be accepted.*[102]

2.3.4. Cui bono

Klimaskeptiker führen eine Reihe von Begründungen an, warum ein anthropogen verursachter Klimawandel für bestimmte Interessengruppen nützlich ist. Im Wesentlichen werden die Profiteursgruppen Politiker, Wissenschaftler, Journalisten, Umweltbewegung und Antikapitalisten identifiziert. Die folgenden Beispiele stammen aus dem Film „The Great Global Warming Swindle":
Klimaskeptiker führen den Grund für die „Klimahysterie" auf politische Entwicklungen in Großbritannien zurück. Danach war Margaret Thatcher in den 1980er Jahren aufgrund der Nachwirkungen der Ölkrise sowie eines Bergarbeiterstreiks besorgt über die Energieversorgung des Landes und begann, die Atomenergie zu favorisieren. Als das Thema Klimawandel aufkam, war eine Verknüpfung naheliegend, da diese Energieform kein CO_2 emittiert. Thatcher bot dann der Royal Society (of Scientists) finanzielle Mittel an, die Theorie des anthropogenen Klimawandels wissenschaftlich abzusichern. Die Wissenschaft hat aufgrund von Fördermitteln in Richtung eines bestimmten Ergebnisses geforscht. Es folgte die Gründung des IPCC. Zudem stimmten Mitte der 1980er Jahre eine Mehrheit der Menschen in den industrialisierten Ländern der Umweltbewegung und ihren Zielen zu. Um ihre Legitimation nicht zu verlieren, musste die Umweltbewegung daher immer extremere Positionen entwickeln. Umweltaktivisten sind Gegner der Moderne und möchten wieder mittelalterliche Verhältnisse einführen. Gestärkt wurde die Umweltbewegung nach dem Zusammenbruch des Kommunismus Ende der 1990er Jahre. Viele linke Kapitalismus- und Globalisierungsgegner suchten eine neue Heimat und fanden sie im Umweltaktivismus, wo sie unter dem grünen Deckmantel weiter neomarxistisch tätig sind. Das Thema Klimawandel soll auch dazu beitragen, dass sich Entwicklungsländer nicht weiterentwickeln, da sie als ressourcenreiche Länder diese Ressourcen wie Kohle und Öl nicht mehr nutzen/verkaufen sollen. Alternative Energiequellen sind für

---

[102] Craig Idso and S. Fred Singer, Climate Change Reconsidered: 2009 Report of the Nongovernmental Panel on Climate Change (NIPCC), Chicago, IL: The Heartland Institute, 2009, p. vi.

diese Länder zu kostspielig und außerdem ineffizient. Die Befürworter der Klimapolitik inklusive der Umweltaktivisten sind daher Gegner der Humanität: „Somebody is keen to kill the African dream to develop."[103]

Der Klimawandel nutzt der Politik, den Wissenschaftlern, Neomarxisten, Umweltaktivisten und den Medien, dabei geht es bspw. um globale Machtverhältnisse[104], Finanzquellen und Arbeitsplätze, denn bspw. möchte die neue Generation der Umweltjournalisten ihre Jobs behalten.

2.3.5. Umgang mit Kritikern des IPCC

Klimaskeptiker führen an, dass Wissenschaftler, die die Meinung vertreten, Klimaänderungen seien nicht anthropogen verursacht, massiv eingeschüchtert werden. Dazu gehöre auch, dass Klimaskeptiker mit Holocaust-Leugnern verglichen werden.

Zudem würde der IPCC Wissenschaftler dadurch zensieren, dass wichtige Informationen, die nicht dem eigenen generellen Trend entsprechen, nicht veröffentlicht werden.

Der wissenschaftliche Konsens würde auf geschönten Zahlen beruhen Der IPCC würde die Zahlen der an den Sachstandsberichten beteiligten Autoren dadurch erhöhen, dass auch die Menge der Nichtwissenschaftler gezählt wird. Zusätzlich würden Wissenschaftler, die nicht einverstanden sind mit den Aussagen des IPCC, ungefragt auf die Autorenliste gesetzt. Die Autoren, die sich von IPCC zurückziehen, weil sie mit den Ergebnissen nicht einverstanden sind, würden trotzdem noch auf der Autorenliste aufgeführt, selbst wenn ihre anderen Einwände nicht berücksichtigt wurden. Daher werde eine so hohe Zahl an beteiligten Topwissenschaftlern ausgewiesen.

---

103 Shikwati, James in: The Great Global Warming Swindle, Film von Sunfilm Entertainment, UK 2007 von Durkin, Martin.
104 Ein sicher extremes Beispiel dazu ist der Blogbeitrag des Theoretischen Physikers Luboš Motl unter http://motls.blogspot.com/2011/03/herr-schellnhuber-has-master-plan.html (11.6.2011): „Those maniacs [wie Herr Schellnhuber, Potsdam-Institut für Klimafolgenforschung] will soon „unveil a master plan" for a transformation of society. It may be a good idea for the German – or other – intelligence services to physically deal with Herr Schellnhuber and his thugs before it's too late." Daran schließt ein direkter Vergleich mit Reinhard Heydrich, dem Organisator des Holocausts im Dritten Reich, an.

2.4. Einschätzung zur Kritik am IPCC bzw. am anthropogenen Klimawandel

Es ist nicht Sinn und Zweck dieser Arbeit, in die Tiefen der wissenschaftlichen Auseinandersetzung einzusteigen. Zu den bekanntesten *naturwissenschaftlichen Argumenten* der Klimaskeptiker gibt es bspw. bei den Frequently Asked Questions zu den Grundlagen und Folgen der Klimaänderung im aktuellen 4. Sachstandsbericht des IPCC gut dargestellte Erläuterungen. Hier finden sich Erläuterungen bspw. zu „How Do Human Activities Contribute to Climate Change and How Do They Compare with Natural Influences?" oder „How are Temperatures on Earth Changing".[105] Die exemplarisch aufgezeigten wissenschaftlichen Argumente von Klimaskeptikern sind demnach entweder bereits widerlegt oder bei näherem Augenschein wissenschaftlich nicht haltbar und werden dennoch immer wieder vorgebracht.[106]

Dazu Peter Lemke:

> *„Die Skeptiker denken ja immer, dass das IPCC die von ihnen abgelehnte Wissenschaft selbst erfunden hat, und sie begreifen nicht, dass das IPCC nur einen Sachstandsbericht anfertigt auf der Basis von vielen begutachteten wissenschaftlichen Veröffentlichungen."*[107]

Die Argumente zu „*cui bono*" und dem „*Umgang mit Kritikern des IPCC*" befinden sich außerhalb einer naturwissenschaftlichen Kontroverse. Das unter Punkt 2.3.4 aufgeführte Szenario einer über vier Dekaden andauernden weltumspannenden Verbrüderung verschiedenster Interessenlagen ist schwer nachzuvollziehen. Die Argumente einer Weltverschwörung von „somebody [who] wants to kill the African Dream to develop" zur Verhinderung des Fortschritts in Entwicklungsländern sind abstrus. Die Entwicklungsländer profitieren in einem hohen Maße von den derzeitigen Arrangements im Rahmen der Verhandlungen der Vereinten Nationen zur Klimarahmenkonvention (UNFCCC). Beispielsweise

---

105 IPCC, 2007: *Climate Change 2007: The Physical Science Basis. Contribution of Working Group I to the Fourth Assessment Report of the Intergovernmental Panel on Climate Change* [Solomon, S., D. Qin, M. Manning, Z. Chen, M. Marquis, K.B. Averyt, M.Tignor and H.L. Miller (eds.)]. Cambridge University Press, Cambridge, United Kingdom and New York, NY, USA. Weiterhin finden sich Antworten mit ausführlichen Erklärungen bspw. unter www.skepticalsience.com oder auf den Seiten des Umweltbundesamtes unter http://www.umweltbundesamt.de/klimaschutz/klimaaenderungen/faq/skeptiker.htm.

106 Pro-Clim – Forum for Climate and Global Change. Forum of the Swiss Academy of Science: Die Argumente der Klimaskeptiker, in: Hintergründe der Klima- und Global Change-Forschung, Nr. 29, November 2010, S. 1.

107 Aussage von Peter Lemke, Coordinating Lead Author für den 4. und Review Editor für den 5. Sachstandsbericht des IPCC, Alfred-Wegener-Institut für Polar- und Meeresforschung, 12.3.2011.

sind sie alleinige Nutznießer des zu schaffenden Green Climate Funds mit einem avisierten Volumen von $ 100 Mrd. jährlich.

Dazu die Swiss Academy of Science: „Zweifelsfrei profitieren Wissenschaftler weltweit in Form von hohen Forschungsfördergeldern bei der Untersuchung von Klimaänderungen und ihren Folgen. Auch sind Forschungsgebiete, die zuvor weniger im Licht der Öffentlichkeit gestanden haben, nunmehr mit in das Zentrum politischer und gesellschaftlicher Aufmerksamkeit gelangt. Die Anschuldigung, die Klimaforschung sei politisch oder wirtschaftlich motiviert, lässt sich nicht generell widerlegen. Einerseits sind Wissenschaftler nicht frei von menschlichen Schwächen und im Einzelfall lässt sich ein Fehlverhalten nicht ausschließen. Andererseits ist es schwierig, politische oder wirtschaftliche Motive nachzuweisen, und ebenso schwierig, sie zu widerlegen. Es gibt jedoch Gründe, die dagegen sprechen, dass Klimawissenschaftler die Risiken der Klimaänderung aufbauschen, sei dies aus politischen Motiven oder um Forschungsgelder zu erhalten. Grundsätzlich sind Wissenschaftler keine organisierte Gemeinschaft, sondern sie arbeiten individuell oder in kleinen Gruppen. Es ist daher unwahrscheinlich, dass eine große Mehrheit von ihnen die eigenen Forschungsresultate aus nicht wissenschaftlichen Gründen in gleicher Weise manipuliert."[108]

Weiterhin bedingen Klimaschutzmaßnahmen große Einwirkungen auf eine Vielzahl von Sektoren der Industrie (bspw. Emissionshandel, Reduzierung von THG-Emissionen etc.).[109] Den Klimaskeptikern wird oft die Interessenvertretung großer Konzerne vorgeworfen und z.T. auch nachgewiesen, die finanzielle Aufwendungen für Klimaschutzmaßnahmen vermeiden wollen.[110] Zudem sind auffallend viele – zumindest der US-amerikanischen – Klimaskeptiker im Umfeld konservativer bzw. ultrakonservativer politischer Ausrichtungen zu finden, wo Umweltschutz zunächst als bedrohlicher Kostenfaktor wahrgenommen wird.

Der Austausch von Argumenten auf der Basis „cui bono" kann daher nur in einer Schlammschlacht enden, da beide Seiten trefflich „Futter" für ihre jeweiligen Ansichten über das andere Lager finden.

---

108 Pro-Clim – Forum for Climate and Global Change. Forum of the Swiss Academy of Science: Die Argumente der Klimaskeptiker, in: Hintergründe der Klima- und Global Change-Forschung, Nr. 29, November 2010, S. 4.
109 Vgl. Pro-Clim – Forum for Climate and Global Change. Forum of the Swiss Academy of Science: Die Argumente der Klimaskeptiker, in: Hintergründe der Klima- und Global Change-Forschung, Nr. 29, November 2010, S. 1.
110 Vgl. bspw. Heather Timmons in The New York Times: Excon accused of deception on climate change – Business – International Herald Tribune, 21.9.2006, abrufbar unter http://www.nytimes.com/2006/09/21/business/worldbusiness/21iht-climate.2889038.htm?_r-=1 (20.3.2011) oder Climate Action Network Europe: Think globally sabotage locally. How and why European companies are funding climate change deniers and anti-climate legislation voices in the 2010 US Senate race, Brüssel, Oktober 2010.

Zu den Argumenten bezüglich des *Umgangs mit Kritikern des IPCC bzw. seinen Ergebnissen* trifft Peter Lemke vom Alfred-Wegener-Institut für Polar- und Meeresforschung eine klare Aussage. Peter Lemke ist einer der koordinierenden Leitautoren der Arbeitsgruppe 1 „Wissenschaftliche Grundlagen" für den 4. und Review Editor für den 5. IPCC-Sachstandsbericht.

„In all unseren Arbeiten der Arbeitsgruppe haben wir immer auch divergierende und kritische wissenschaftliche Dokumente einbezogen, soweit sie den wissenschaftlichen Standards (peer-review) entsprachen."[111]

Dafür spricht auch, dass die Argumente von Wissenschaftlern, die bekennende Klimaskeptiker sind, immer wieder mit in die wissenschaftliche Arbeit einbezogen werden. Dies sei beispielhaft an den drei renommierten Wissenschaftlern Richard S. Lindzen, Hendrik Svensmark und Jan Veizer dargestellt. Klimaskeptische anerkannte Wissenschaftler wurden in der Vergangenheit zudem immer wieder zur Mitarbeit an den IPCC-Sachstandsberichten eingeladen und haben diese Möglichkeit z.T. auch wahrgenommen.[112]

Trotzdem verweist Nigel Calder (Wissenschaftsjournalist) in dem gemeinsamen Buch mit Hendrik Svensmark „Sterne steuern unser Klima" darauf, dass Svensmark mit seiner Theorie nicht nur auf „massive Ablehnung" gestoßen sei, sondern auch auf die „Erschwerung der Gewährung weiterer Forschungsgelder". Richard Lindzen gibt in einem Interview mit der Schweizer „Die Weltwoche" an, dass Wissenschaftler unterdrückt wurden, ihre Arbeit verloren haben, weil sie Skepsis gegenüber einigen „Fakten"in der Klimafrage äußerten.[113]

Wissenschaft als auch Politik sprechen vom „wissenschaftlichen Konsens" zum anthropogenen Klimawandel. Der IPCC hat 2007 für seine Arbeit den Nobelpreis erhalten. Für viele Wissenschaftler – die i.d.R. vor allen in jungen Jahren befristete Arbeitsplätze innehaben – mag das ein Hinderungsgrund sein, Zweifel offen auszusprechen, Argumente in der Tiefe auszuloten oder Anträge für Forschungsgelder für Projekte zu beantragen, die anderslautende Theorien oder Aspekte anderslautender Theorien untersuchen. Das wird, allerdings nur verbunden mit der Bitte, die Aussagen anonym darzustellen, auch von zwei Wissenschaftlern im Umfeld der Klimaforschung im März/April 2011 bestätigt.

---

111 Interview der Verfasserin mit Peter Lemke am 17.2.2011.
112 Bspw. von Richard S. Lindzen in der Arbeitsgruppe 1 im Workshop on „Climate Sensitivity" im Juli 2004, abrufbar unter http://www.ipcc.ch/pdf/supporting-material/ipcc-workshop-paris-july-2004.pdf (S. 29, 101, 137, Stand: 27.2.2011), oder Shaviv und Veizer, gleiche Quelle, S. 29, 101, oder Richard S. Lindzen im Sachstandsbericht der Arbeitsgruppe 1 (hier: Kapitel 8, abrufbar unter http://www.ipcc.ch/pdf/assessment-report/ar4/wg1/ar4-wg1-chapter8.pdf bspw. auf den S. 633, 636).
113 Die Weltwoche, Interview mit Richard S. Lindzen: Ich hoffe, das hört bald auf. 28.3.2007, Ausgabe 13/07.

Klimaskeptiker zu sein muss jedoch nicht das wissenschaftliche „Aus" bedeuten. Es gibt viele Beispiele von Wissenschaftlern, die an renommierten Instituten beschäftigt sind und dort ihre Forschungen betreiben. Beispielsweise sind die bekennenden Klimaskeptiker Richard Lindzen und Hendrik Svensmark in leitenden Positionen an renommierten Forschungseinrichtungen tätig und gehen dort ihren Forschungsarbeiten „gegen den Konsens" nach.[114] Hendrik Svensmark wurde Leiter des Zentrums für Sun-Climate Research, nachdem seine klimaskeptische Haltung bereits bekannt war.[115] Weitere Beispiele für klimaskeptische Wissenschaftler in leitenden Positionen finden sich in Anlage I.

Ein immer wiederkehrendes Thema – nicht nur bei Klimaskeptikern – ist die *Validität von Klimamodellen* im Allgemeinen.[116] Darüber hinaus gibt es auch spezifische Kritik an der Auswahl von Proxys und den unterschiedlichen *Methoden* der Modellierung. Nach Paul N. Edwards stammt unser gesamtes naturwissenschaftliches Wissen zum Klimawandel von drei Arten von Computermodellen. Darunter sind Simulationsmodelle für Wetter und Klima, Re-Analysenmodelle, die die Klimahistorie anhand von historischen Wetterdaten beschreiben, und Datenmodelle, die Messungen von vielen verschiedenen Quellen kombinieren und anpassen. Eine globale Infrastruktur (z.B. Wetterstationen) liefert Daten aus der ganzen Welt.[117]

Paul N. Edwards zieht zur Klimamodellierung ein simples Beispiel als Analogie heran: die Vorhersage der globalen Wirtschaftsentwicklung. Auch dazu verwenden Ökonomen Modelle. Sie stützen sich dabei auf Daten, die weltweit zusammengetragen werden. „Nobody thinks economic models are perfect. Yet despite the notorious imprecision of economic forecasts, firms, banks and governments place considerable trust in them. They act on shimmering data, shimmering knowledge, because they *must* act – and models give them the best information they are likely to get."[118] Makroökonomische Modelle arbeiten mit

---

114 Hendrik Svensmark ist Physiker und Leiter des Zentrums für Sun-Climate Research am dänischen Weltrauminstitut, Richard Lindzen ist Professor für Meteorologie in der Abteilung Erd-, Atmosphären- und Planetenwissenschaft am Massachusetts Institute of Technology (MIT).
115 Vgl. Calder, Nigel und Svensmark, Henrik: Sterne steuern unser Klima, Patmos Verlag, Düsseldorf 2008.
116 Vgl. Weber, Thomas in FAZ online: Roh die Daten, doch trickreich die Modelle, vom 6.2.2011, abrufbar unter http://www.faz.net/artikel/C30405/klimaforschung-roh-die-daten-doch-trickreich-die-modelle-30326620.html (25.4.2011).
117 Vgl. Edwards, Paul N.: A Vast Machine. Computer Models, Climate Data, and the Politics of Global Warming, The MIT Press Cambridge, Massachusetts, London, England 2010.
118 Edwards, Paul N.: A Vast Machine. Computer Models, Climate Data, and the Politics of Global Warming, The MIT Press Cambridge, Massachusetts, London, England 2010, S. 435.

Parametern. In jedem Bereich globaler Vorhersage finden sich die gleichen Strukturen von Monitoring, Modellierung und Reminiszenz.[119]

Edwards führt weiter aus, dass Klimawissen sozioökonomisch bewertet werde, um daraus eine kohärente politische Strategie bzw. die Anpassung einer solchen Strategie abzuleiten. Eine sozioökonomische Bewertung ist jedoch nur auf der Basis des „Blickes in die Vergangenheit und Zukunft" möglich. Zwar ist das Klimawissen vorläufig und unvollkommen, aber es beruht auf bewährten robusten Beobachtungssystemen und ausgeklügelten Modellen, umfangreichen Simulationen und Modellvergleichen. Es gibt nur wenige gute Gründe, die Fakten anzuzweifeln, aber viele Gründe, ihrer Gültigkeit zu trauen.[120]

2.5. Motivationen von Klimaskeptikern

In Anlage I sind die Ergebnisse der Untersuchung öffentlich zugänglicher (Literatur, Internetseite, Pressemitteilung, Film o.Ä.) Motivationen bekennender Klimaskeptiker dargestellt. Insgesamt wurden die Motivationen von 48 Klimaskeptikern weltweit untersucht. Zur Auswahl der internationalen Klimaskeptiker wurde neben einschlägiger Literatur auch der wohl bekannteste Film zur Klimaskepsis „The Great Global Warming Swindle" herangezogen. Die Identifizierung deutscher Klimaskeptiker erfolgte u.a. über das EIKE-Internetportal.

Die Auswertung der Tabelle 2 in Anlage I erlaubt eine erste Einschätzung der Treiber von Klimaskepsis[121]:

- naturwissenschaftliche Treiber: Die wissenschaftlichen Grundlagen und Methoden, auf denen die IPCC-Berichte beruhen, sowie ihre Darstellung in den Sachstandsberichten werden angezweifelt bzw. gänzlich als falsch deklariert.
- finanzielle Treiber: Die Ausgaben für Klimapolitik, -forschung und -schutz werden als exorbitant hoch und verschwendet angesehen.
- soziokulturelle Treiber: die Grundüberzeugung und Werte einzelner Personen, insbesondere in den USA vorwiegend konservativ bis ultrakonservativ sowie industrieorientiert, gegen die „Öko-Diktatur"

Dieter Plehwe von „Lobby-Control" grenzt die Motivationen ähnlich ein. Danach gibt es Klimaskeptiker,

---

119 Vgl. ibd., S. 435.
120 Ibd., S. 437ff.
121 Die allerdings in einer dezidierten sozialwissenschaftlichen Analyse nochmals überprüft werden sollte.

- die bestimmte Interessen bspw. bestimmter Industrien vertreten;
- die weltanschaulich einen marktradikalen Neoliberalismus vertreten („they oppose the solution rather than the problem"[122]), und
- die „akademischen Positivisten", der vom Wissenschaftssystem enttäuschten (nicht anerkannten) Naturwissenschaftler, die bspw. Klimamodelle zugunsten von Messungen/Beobachtungen ablehnen.[123]

Um die zuvor dargestellte Heterogenität der Klimaskeptiker zu berücksichtigen, ist von einer Kategorisierung der Klimaskeptiker jedoch abzusehen. Anzumerken ist, dass die verschiedenen Treiber sowohl einzeln wirken als auch gemischt auftreten können.

Gemeinsam sind sowohl den deutschen als auch den US-amerikanischen Klimaskeptikern die scharfe polemische Darstellung ihrer Forderungen, der teilweise unsachliche und persönliche Angriff auf einzelne Klimaforscher und -institute sowie der Versuch, Umweltschutz allgemein ins Lächerliche zu ziehen. Damit hören offensichtliche Gemeinsamkeiten aber schon auf. Während in den USA Klimaskeptiker oder klimaskeptische Organisationen offen von konservativen Politikern unterstützt werden, spielt dies in Deutschland so gut wie keine Rolle. Als bekannteres Beispiel kann hier die Präsentation des bekannten und bekennenden US-amerikanischen Klimaskeptikers Fred Singer auf Einladung der FDP-Fraktion genannt werden.[124] Zudem verlaufen die ideologischen Trennlinien zwischen Demokraten und Republikanern schärfer als in der deutschen Parteienlandschaft. Ultrakonservative und konservative Politiker in den USA arbeiten nicht nur überwiegend industrieorientiert, sondern sind auch mächtige Bremser im Umwelt- und Klimaschutz.[125]

Ein wesentlicher Unterschied zwischen deutschen und US-amerikanischen Klimaskeptikern liegt daher bei den soziokulturellen Treibern. In den USA wird jegliche Einschränkung des „amerikanischen Traums" grundsätzlich als Bedro-

---

122 Nuthall, Tim, European Climate Foundation, Aussage im Rahmen eines Fachgesprächs zur Veranstaltung „Strategien der sog. Klimaskeptiker und wer dahintersteht" des Bündnis 90/Die Grünen am 10.6.2011 im Deutschen Bundestag.

123 Plehwe, Dieter, Lobby-Control, Vortrag im Rahmen eines Fachgesprächs zur Veranstaltung „Strategien der sog. Klimaskeptiker und wer dahintersteht" des Bündnis 90/Die Grünen am 10.6.2011 im Deutschen Bundestag.

124 Darauf beruht die Anfrage der Grünen-Fraktion im Deutschen Bundestag und die Antwort der Bundesregierung auf die Kleine Anfrage der Fraktion BÜNDNIS 90/DIE GRÜNEN – Drucksache 1736/13 –: Position der Bundesregierung zur Leugnung des Klimawandels, Drucksache 17/3917 vom 22.11.2010.

125 Vgl. Blättel-Mink, Birgit: Wirtschaft und Umweltschutz. Grenzen der Integration von Ökonomie und Ökologie, Campus Verlag GmbH 2001, S. 102, sowie Spiegel Online: Republikaner wollen Mittel für Umweltschutz kappen, www.spiegel.de/wissenschaft/natur/0,1513,744761,00.html (10.2.2011).

hung empfunden. Dass bspw. das Kyoto-Protokoll von den Amerikanern bis heute nicht ratifiziert wurde, beruht auf den bestimmenden wirtschaftlichen und gesellschaftlichen Entwicklungsmustern. Das ist der „American Way of Life" und der damit verbundenen Angst vor dem Verlust des Lebensstandards, denn Wirtschaft und Gesellschaft beruhen in hohem Maße auf der Verfügbarkeit kostengünstiger Energie.[126] Daher haben Klimaskeptiker ein breiteres Forum und Einfluss auf die Meinungsbildung in der amerikanischen Gesellschaft.

Insbesondere konservative Thinktanks wirken als Meinungsmacher. Georg Simonis verweist dazu auf die Untersuchung The organisation of denial: Conservative think tanks and environmental scepticism" von Jacques, Dunlap und Freeman[127]. Danach konnte bei 92% von 141 klimaskeptischen Büchern, die zumeist in den USA seit 1992 publiziert wurden, eine enge Verbindung zu konservativen Denkfabriken nachgewiesen werden. Nach Daten von OpenSecrets, einer Organisation, die die von Unternehmen gemeldeten Angaben über Lobbyingaktivitäten im amerikanischen Kongress auswertet, sowie von Greenpeace werden die Denkfabriken in erheblichem Maße von der Öl- und Gasindustrie sowie Kraftwerksbetreibern unterstützt.[128]

Die Motivation der bekannter deutscher Klimaskeptiker wird in dieser Arbeit nicht nur im Rahmen der Dokumenten- und Medienanalyse untersucht, es konnten auch Beobachtungen aus einer Veranstaltung einbezogen werden. Ein bekanntes deutsches Klimaforschungsinstitut lud im April 2011 Vertreter von EIKE zur Diskussion im Rahmen eines Forschungskolloquiums ein.[129] Im Rahmen dieser Veranstaltung wurde deutlich, dass

– die Naturwissenschaftler, die EIKE angehören, vorwiegend Wissenschaftler im Ruhestand oder der Nähe des Ruhestandes sind, die aus intrinsischer Motivation heraus handeln. Die Autorin bezweifelt, dass es sich bei den Vortragenden um politisch motivierte oder unternehmerisch finanzierte Einzelpersonen handelt. Die inhaltliche Auseinandersetzung kann und soll hier nicht repetiert werden. In den meisten Fällen wurden bereits bekannte Skeptikerthesen vorgetragen und mit ebenso bekannten Gegenargumenten diskutiert. Es wurde

---

126 Mayr, Christoph in Erklärungshilfen zur Entwicklung der internationalen Klimapolitik, Igel Verlag 2009, S. 108, sowie Altrichter, Christian, Diplomarbeit: 10 Jahre nach Kyoto – welche Rolle spielen die USA in den internationalen Klimaverhandlungen?, GRIN Verlag 2008, S. 21.

127 Jacques, Peter J., Riley E. Dunlap und Mark Freeman, The Organisation of Denial: Conservative Think Tanks and Environmental Scepticism. In: Environmental Politics Vol. 17/3, 2008: 349–385.

128 Vgl. Simonis, Georg: Politische Aspekte der Diskussion um den Klimawandel, April 2011, S. 8f.

129 Die Autorin war dort als Beobachterin eingeladen.

eine wissenschaftliche Untersuchung zweier EIKE-Vertreter vorgestellt, deren Datensatzgrundlage nach eigener glaubhafter Aussage auch privat finanziert wurde. Insgesamt entstand der Eindruck, dass die Naturwissenschaftler einen nicht unbeträchtlichen Teil ihrer Freizeit auf ihre Tätigkeit im Rahmen von EIKE verwenden.
- Die Diskussion gab den Eindruck, als hätte die Kontroverse bei den Klimaskeptikern zu einer Haltung von „wir gegen das Establishment für die Wahrheit" geführt.
- Zusätzlich zu den weiter oben aufgeführten Treibern können, zumindest in Verbindung mit den Erfahrungen des Workshops, auch psychologische Treiber vermutet werden: der Wunsch nach Aufmerksamkeit, evtl. gepaart mit negativen Erfahrungen und mangelnder Anerkennung im herkömmlichen Wissenschaftsbetrieb.

Im Vergleich zu den USA spielt eine offene klimaskeptische Haltung der Industrie in Deutschland keine Rolle und es wird auch kein ähnlicher Aufwand zur Unterstützung bspw. von Thinktanks betrieben. Zweifelsohne gibt es aber eine nicht aggressive latent klimaskeptische Haltung. So wurden bei der Veranstaltung „Vor Cancún – aktueller Stand der Klimaforschung" des Deutschen Klima-Konsortiums e.V. im November 2010 in Berlin kritische Fragen vor allem aus den Reihen der Industrievertreter gestellt. Die Autorin erinnert sich an eine gemeinsame Taxifahrt mit einem Vertreter des Energieunternehmens Vattenfall im Februar 2011, der einen anthropogenen Klimawandel als „lächerliches Märchen" abtat.

Interessant ist in diesem Zusammenhang auch, dass gerade die deutsche Industrie im Bereich erneuerbare Energien zwar Klimaschutz als Nummer eins im Begründungsrahmen für ihre Technologien nennt, aber in der Realität keinen Schulterschluss sucht.[130] Hier tritt die Trennlinie zwischen Wissenschaft und Wirtschaft trotz vieler Gemeinsamkeiten deutlich zutage. Das wohl extremste Beispiel bietet dabei Fritz Vahrenholt, der CEO der RWE Innogy GmbH, der Sparte der erneuerbaren Energien bei RWE. Vahrenholt tritt öffentlich und wiederholt als Klimaskeptiker auf. So begleitete er bspw. EIKE-Vertreter zum Forschungskolloquium im April 2011 und im Dezember 2010 wurde sein klimaskeptisches Essay „Die kalte Sonne" in der Welt veröffentlicht.[131]

---

[130] Die anderen Begründungen sind „Versorgungssicherheit" (Unabhängigkeit von internationalen Ressourcen) und „Katastrophenschutz" (Stichworte Tschernobyl und Fukushima).
[131] Fritz Vahrenholt: Die kalte Sonne, Welt online am 22.12.2010, abrufbar unter http://www.welt.de/print/die_welt/debatte/article11776605/Die-kalte-Sonne.html (22.05.2011).

2.6. Auseinandersetzung mit Klimaskeptikern

Die Auseinandersetzung von Wissenschaftlern, die vom anthropogenen Klimawandel überzeugt sind, mit Klimaskeptikern findet zumeist in Blogs statt und eher selten in der Öffentlichkeit wie bspw. in überregionalen Medien.[132]

Führt man sich die Ergebnisse aus den vorangegangenen Abschnitten vor Augen, dann wird deutlich, warum die etablierte Wissenschaft eine öffentliche Auseinandersetzung mit Klimaskeptikern bisher scheuen muss:

- Wissenschaftliche Ergebnisse der Klimaskeptiker sind teilweise außerhalb des Wissenschaftssystems zustande gekommen, d.h. haben nicht den Peer-Review-Prozess durchlaufen.
- Ergebnisse sind bereits widerlegt, werden aber trotzdem immer wieder vorgetragen.
- Die Klimaskeptiker vermengen naturwissenschaftliche Argumente und nicht naturwissenschaftliche Argumente, es ist schwierig, die Argumente zur Diskussion herauszufiltern.
- Es fehlt an anerkannten Experten anderer Fachrichtungen (bspw. Sozialwissenschaftler), die nicht naturwissenschaftliche Thesen mit Klimaskeptikern diskutieren.
- Viele klimaskeptische Institutionen sind intransparent, nur mit Postfachadressen versehen und bestechen nicht durch Stil und Inhalt der Aussagen auf den Internetseiten.
- Persönliche Angriffe, Diffamierungen und aggressive Beiträge gegenüber der Klimaforschung und Klimaforschern, die den anthropogenen Klimawandel als sehr wahrscheinlich erachten, sind an der Tagesordnung.
- Klimaskeptiker vermitteln den Eindruck einer Lauerstellung auf kleinste Fehler und Unsicherheiten.

Viele Klimaforschungsinstitute und auch das Umweltbundesamt bieten daher auf ihren Internetseiten die Rubrik Frequently Asked Questions (FAQ) an, in denen den naturwissenschaftlichen Argumenten der Klimaskeptiker begegnet wird.[133] Derzeit nimmt die deutsche IPCC-Koordinierungsstelle die Übersetzung der

---

132 Z.B. im Blog „Die Klimazwiebel" unter http://klimazwiebel.blogspot.com/ oder in der „Klimalounge" http://www.wissenslogs.de/wblogs/blog/klimalounge Ein Beispiel für eine öffentliche Auseinandersetzung: Bartsch, Christian u.a. in der FAZ: Die „Klimaskeptiker" antworten. Wir müssen Urängste relativieren, 5.9.2007, Nr. 206, S. 35.

133 So z.B. das Umweltbundesamt unter: http://www.umweltbundesamt.de/klimaschutz/klima aenderungen/faq/index.htm (25.4.2011) oder das Potsdam Institut für Klimafolgenforschung unter http://www.pik-potsdam.de/~stefan/leser_antworten.html (25.4.2011).

FAQ der Arbeitsgruppe I des IPCC vor und wird diese – gemeinsam mit dem Deutschen Klima-Konsortium (DKK) – öffentlich machen.

Einige wenige Klimaskeptiker (u.a die US-Amerikaner S. Fred Singer) sind besonders aktiv und haben bspw. mehrere Organisationen gegründet oder wirken in ihnen mit. Die Vermutung liegt nahe, dass dadurch der Eindruck von mehr „Quantität" erweckt werden soll. Die Internetauftritte, die sich ausschließlich dem Thema Klimaskepsis widmen, weisen oft auf die rein virtuelle Existenz der Organisationen hin. Es werden keine Adressen genannt, höchstens Postfachadressen. Das Gleiche gilt für EIKE, die einzige aktive klimaskeptische Organisation in Deutschland. Die Darstellung der Positionen erfolgt plakativ, polemisch und teilweise aggressiv. Die Vermischung wissenschaftlicher Argumente mit unsachlichen Argumenten (Weltverschwörung etc.) und persönlichen Angriffen verhindern eine Auseinandersetzung auf der wissenschaftlichen Ebene.

Aus den zuvor genannten Gründen gab es in der Vergangerheit nur wenige Veranstaltungen, die ein Forum für den wissenschaftlichen Austausch mit Klimaskeptikern angeboten haben. Dazu seien die beiden einzigen der Autorin bekannten Veranstaltungen genannt. Die erste hatte eine internationale Ausrichtung und die zweite (das bereits erwähnte Forschungskolloquium) fand in Deutschland statt. Beide hatten Experimentalcharakter und waren daher nicht öffentlich zugänglich.

Die Gemeinsame Forschungsstelle der Europäischen Kommission (Joint Research Centre) finanzierte gemeinsam mit der Calouste Gulbenikan Foundation die Veranstaltung „Reconciliation in the Climate Change Debate" vom 26. bis 28. Januar 2011. Zwar sind über diese Veranstaltung öffentlich kaum Einzelheiten bekannt, doch finden sich folgende Berichte von Journalisten und Teilnehmern:

„Droht der Welt der Hitzekollaps oder nur die Öko-Diktatur? In der Klimaforschung sind die Fronten zwischen warnenden Wissenschaftlern und Skeptikern verhärtet. In Lissabon fand jetzt eine Versöhnungstagung statt – doch am Frieden schien kein besonderes Interesse zu herrschen."
Spiegel Online: Versöhnungstagung. Der Klimakrieg kann weitergehen, 31 1.2011, Gerald Traufetter

„Much time at the meeting was taken up bitching rather than conciliating."
Fred Pearce (Teilnehmer, Consultant): Climate sceptics and scientists attempt a peace deal, 2.2.2011, www.newscientist.com/blogs/shortsharpscience/2011/02/climate-sceptics-scientists-at.html

„I am not sure whether the Workshop met their original expectations for this experimental meeting. ... IMO the main value of the Workshop was getting this group of people together

with diverse perspectives and backgrounds to discuss this issue. It has undoubtedly broadened the perspectives of all the participants on this topic."
Judith Curry (Teilnehmerin, Geo- und Atmosphärenwissenschaftlerin): Lisbon workshop on reconciliation. Part II, 29.1.2011, http://judithcurry.com/2011/01/29/lisbon-workshop-on-reconciliation-part-ii/

„Sometimes, just accusations turned into conspiracy theory and made me wonder whether there will really be a possibility of reconciliation ... In its best moments (and there were many of them), participants truly opened up the climate debate in a collective effort, through representation of different voices, perspectives and approaches ... For me as an anthropologist, it was a great opportunity to get introduced to different tribes and subcultures in climate science and beyond."
Werner Krauss (Teilnehmer, Anthropologe): Reconciliation in the Climate Debate, 31.1.2011, http://klimazwiebel.blogspot.com/2011/01/reconciliation-in-climate-debate.html

Insgesamt blieb die Veranstaltung ohne fassbares Ergebnis. Eine angedachte auf Minimalkonsens ausgerichtete gemeinsame Erklärung kam nicht zustande – zu heterogen waren die Interessen und Motivationen der Teilnehmer. Die Teilnehmer begrüßten jedoch die Möglichkeit des Austausches und des Kennenlernens und die damit verbundene Chance, Verhärtungen aufzubrechen und ein besseres Verständnis für die Beweggründe der anderen zu erlangen. Insofern ist eine solche Veranstaltung eher als ein interessantes Spielfeld für Sozialwissenschaftler, weniger aber als eines für Naturwissenschaftler zu werten.

Erwähnenswert noch der Kommentar eines Teilnehmers bezüglich der Heterogenität der Klimaskeptiker:

„I was also impressed by the stunning individualism of some of the participants. 'Skeptics' are not a homogeneous group; quite the contrary, some even insist on representing an individual standpoint and not being a part of a group. Considering the fact that some have highly influential blogs with many commentators and followers, the image of rather loosely organized tribes came to my mind."[134]

Diese Heterogenität findet sich – wie auch bei der Beschreibung der organisierten Klimaskeptiker und ihrer Plattformen – überall bei den Klimaskeptikern weltweit wieder.

Ein anderer Ansatz zum Austausch zwischen Forschern des anthropogenen Klimawandels und Klimaskeptikern initiierte, wie unter Punkt 2.5 bereits beschrieben, ein bekanntes deutsches Klimaforschungsinstitut im April 2011. Im Rahmen eines Forschungskolloquiums diskutierten ausschließlich Naturwissenschaftler die naturwissenschaftlichen Grundlagen der derzeit zu beobachtenden Klimaänderung. Dazu wurden Vertreter des EIKE-Institutes zu einem halbtägi-

---

[134] Werner Krauss am 31.1.2011 im Blog-Spot „Die Klimazwiebel": Reconciliation in the Climate Debate, http://klimazwiebel.blogspot.com/2011/01/reconciliation-in-climate-debate.html.

gen Seminar eingeladen. Bekannte Klimawissenschaftler des Forschungsinstituts und bekennende Klimaskeptiker stellten sich der Diskussion. Bis auf wenige spannungsgetriebene Einwürfe konnte eine Diskussionskultur des „den anderen ausreden lassen" und „keine Marginalisierungen und Diffamierungen anderer oder ihrer Forschungsergebnisse" aufgebaut und verwirklicht werden. Es fand eine Debatte entlang von Sachinformationen, die weitestgehend die Klimaskeptiker vorstellten, statt. Es ging nicht darum, eine Einigung zu erzielen, sondern vielmehr darum, Argumente zu diskutieren und den Ton der Auseinandersetzung zu versachlichen.

Abschließend bleibt die Einschätzung, dass es zwischen Vertretern des anthropogenen Klimawandels und Klimaskeptikern allenfalls zu einer Annäherung zum Verständnis der unterschiedlichen Hintergründe für die divergierenden Positionen kommen kann. Es wäre allerdings schon viel gewonnen, wenn die Auseinandersetzung versachlicht würde und persönliche Angriffe unterbleiben würden.

2.7. Glaubwürdigkeit von Klimaskeptikern in Deutschland

Um trotz der Heterogenität und unterschiedlichen Interessenlagen der Klimaskeptiker weltweit überhaupt eine Einschätzung der Glaubwürdigkeit zu ermöglichen, konzentriert sich die folgende Bewertung auf die deutschen Klimaskeptiker. Sie bezieht sich nur auf die Naturwissenschaftler, da nur hier anhand der Kriterien zumindest ansatzweise eine Einschätzung versucht werden kann und da sich klimaskeptische Wissenschaftler außerhalb der Naturwissenschaft ohnehin auf deren Argumente stützen.

Die Einschätzung der Glaubwürdigkeit von Klimaskeptikern anhand der im ersten Kapitel aufgezeigten Kriterien guter wissenschaftlicher Praxis ist ein schwieriges Unterfangen. Es handelt sich in Deutschland fast ausschließlich um Naturwissenschaftler, deren Argumente im Wissenschaftssystem nicht anerkannt sind. Weltweit gibt es durchaus einen Teil anerkannter Klimaforscher (allerdings nur außerhalb Deutschlands), die bekennende Klimaskeptiker sind. Oft ist diese Skepsis dabei allerdings auch mit unsachlicher und polemischer Argumentation verbunden oder tritt in Verbindung mit dieser auf.[135]

Die „Wissenschaftsgemeinde" der Klimaskeptiker umfasst in Deutschland eine geringe Zahl von Naturwissenschaftlern, die zumeist alle in EIKE organisiert oder mit dem Institut assoziiert sind. Ihre wissenschaftlichen Arbeiten werden

---

135 Vgl. bspw. Durkin, Martin: „The Great Global Warming Swindle", Sunfilm Entertainment UK 2007 sowie Aussagen von klimaskeptischen Wissenschaftlern in Anlage I.

immer wieder – auch öffentlich – infrage gestellt. Von den deutschen klimaskeptischen Naturwissenschaftlern sind, bis auf eine Ausnahme[136], keine themenrelevanten Arbeiten bekannt, die eine Peer-Review/Veröffentlichung in anerkannten Fachzeitschriften o.Ä. erfahren haben. Allerdings spielt die Tatsache, ob Ergebnisse in einem wissenschaftlichen Verfahren zustande gekommen sind, weniger für die breite Öffentlichkeit als für Politik, Medien und ggfs. interessierte und informierte Laien eine Rolle. Nach außen kommunizieren die Klimaskeptiker Einigkeit in der Sache eines nicht anthropogen motivierten Klimawandels, obwohl sie – wie zuvor dargestellt – eine heterogene lose Gruppe unterschiedlichster Fachrichtungen und Interessenlagen darstellen (vgl. auch Anlage I).

Eine „teilweise" Glaubwürdigkeit von Klimaskeptikern kann daraus resultieren, dass ein Klimaskeptiker aufgrund der naturwissenschaftlichen Ausbildung und Tätigkeit von Laien als Experte wahrgenommen wird. Jedoch kann die Wahrnehmung der Expertise dadurch minimiert werden, dass es sich bei den deutschen Klimaskeptikern nicht um (Klima-)Forscher mit hoher wissenschaftlicher Reputation handelt. Ein Teil befindet sich zudem bereits im Ruhestand.

In der Diskussion mit Klimaskeptikern oder in deren Publikationen ist von Wissenslücken wenig oder nicht die Rede. Der wichtige wissenschaftliche Imperativ des „immer und immer wieder Überprüfens", der bspw. auch zu veränderten IPCC-Berichten führt, kann aus der deutschen klimaskeptischen Literatur nicht oder höchstens in Einzelfällen erkannt werden. Bei den Klimaskeptikern scheint es untereinander keine kontroversen Punkte zu geben. Im Gegensatz zum IPCC, der in komplexen Systemen von Wahrscheinlichkeiten ausgeht und daher 100%ige Sicherheit nicht „liefern" kann, liefern jedoch Klimaskeptiker „Gewissheiten", dass der derzeitige Klimawandel eben nicht anthropogen motiviert ist.[137] Kontroversen um den IPCC greift EIKE sofort auf und verwendet diese auch nach Widerlegung von Vorwürfen immer wieder. Die Frage liegt nah, ob Erkenntnis gesucht wird oder ob nicht für Thesen Beweise konstruiert werden. Demnach versuchen die Klimaskeptiker, ihre Glaubwürdigkeit teilweise aus Zweifeln an der Glaubwürdigkeit des IPCC zu beziehen. Obwohl die Arbeitsweisen und die Glaubwürdigkeit von Klimaskeptikern fraglich sind, so ist es das

---

136 Gerlich, G. und Tscheuschner, R.D.: Falsification Of The Atmospheric CO2 Greenhouse Effects Within The Frame Of Physics. International Journal of Modern Physics B, Vol. 23, No. 3 (30 January 2009), 275–364.

137 Vgl. bspw. „Weltweite Temperaturmessungen beweisen: Kein anthropogen verursachter Klimawandel! Unter http://www.eike-klima-energie.eu/news-anzeige/climategate-20-auch-herr-schellnhuber-wusste-von-nichts/?tx_ttnews[cat]=1&tx_ttnews[pS]=1262300400&tx_ttnews[pL]=2678399&tx_ttnews[arc]=1 (2.6.2011) oder Lüdecke, Horst Joachim: CO2 und Klimaschutz. Fakten. Irrtümer. Politik (ClimateGate), 3. aktualisierte Auflage, Bouvier Verlag, Bonn 2010.

Säen von Zweifeln in einer größtmöglichen Laienöffentlichkeit, dass das größte Potenzial zur Verbreitung klimaskeptischer Thesen bietet.

Eine Anerkennung der Wissenschaftler bzw. der EIKE-Thesen ist in gesellschaftlichen Feldern außerhalb der Wissenschaft jedoch nicht oder wenig vorhanden. Die Ausführungen der deutschen Klimaskeptiker finden kaum Resonanz oder Eingang in die Politik und auch die Medienpräsenz ist gering. Immer wieder suchen die deutschen Klimaskeptiker aber Zugang zu Fachpublikum, Medien, Politik und in die breite Öffentlichkeit.[138]

Die sehr geringe Glaubwürdigkeit der deutschen Klimaskeptiker beruht auch auf der Art und Weise der Äußerungen der klimaskeptischen Wissenschaftler zum anthropogenen Klimawandel bzw. zu den ihn vertretenen Wissenschaftlern. Diese sind z.T. am Rande des „guten Geschmacks". Wissenschaftler, die den anthropogenen Klimawandel vertreten, werden diskreditiert und persönlich angegriffen und ihre Zitate in einem anderen Zusammenhang irreführend dargestellt.[139] Durch die Darstellung von wissenschaftlichen Arbeiten im Rahmen unsachlicher und polemischer Ausführungen auf der EIKE-Internetseite wird die Sachlichkeit und Objektivität der wissenschaftlicher Arbeiten und Argumente ad absurdum geführt.

Klimaskeptiker lehnen Alarmismus bei der Darstellung des anthropogenen Klimawandels zu Recht ab. Umgekehrt findet man auf der EIKE-Internetseite vielfach Bezeichnungen wie „Ökodiktatur" und „der große Schwindel". Das alarmistische Prinzip wird also für die eigenen Interessen sehr prägnant eingesetzt.

Einige der Klimaskeptiker geben an, die finanziellen Implikationen ihrer Forschungsarbeiten selbst zu tragen.[140] Insgesamt ist die Finanzierung von EIKE bzw. wissenschaftlichen Arbeiten von Klimaskeptikern in Deutschland von außen nicht transparent und Zusammenhänge nicht erkennbar. Auf der Internetseite werden „freiwillige Spenden" und Beiträge der Mitglieder angegeben. Wer die

---

138 Z.B. im „Offenen Brief an die Bundeskanzlerin" oder mit Anliegen, an Veranstaltungen nicht nur teilzunehmen, sondern vorzutragen, Buchveröffentlichungen, Pressemitteilungen, Youtube-Videos, in der Blogosphäre u.v.m. (einzusehen auf der Internetseite von EIKE www.eike-klima-energie.eu).

139 Vgl. bspw. die Aussage von Mojib Latif unter http://www.eike-klima-energie.eu/ news-anzeige/konsens-ueber-globale-abkuehlung-gewinnt-an-fahrt-abkuehlung-waehrend-der-naechsten-1-bis-3-jahrzehnte/ (2.6.2011) oder die Aussage „Was es mit den Fähigkeiten zu wissenschaftlicher Arbeit des Prof. Schellnhuber noch so auf sich hat sehen Sie hier!„ unter http://www.eike-klima-energie.eu/news-anzeige/climategate-20-auch-herr-schellnhuber-wusste-von-nichts/?tx_ttnews[cat]=1&tx_ttnews[pS]=1262300400&tx_ttnews[pL]=2678 399&tx_ttnews[arc]=1 (2.6.62011).

140 Aussagen von Wissenschaftlern während des Forschungskolloquiums mit EIKE im April 2011 in Potsdam.

Mitglieder sind, ist jedoch nicht angegeben. Auch eine Satzung des Vereins ist nicht veröffentlicht.

Von „guter wissenschaftlicher Praxis" und einer Glaubwürdigkeit innerhalb und außerhalb des Wissenschaftssystems sind die Klimaskeptiker in Deutschland weit entfernt, da es an fundamentalen Voraussetzungen fehlt.

2.8. Erkenntnisgewinn für die Handlungsempfehlungen

Die wissenschaftliche Auseinandersetzung dreht sich um die Frage, ob die derzeit beobachtete Erderwärmung durch anthropogene Treibhausgasemissionen oder durch den Sonnenzyklus verursacht ist. Dabei sollte es keine Rolle spielen, wie viele Wissenschaftler auf der einen und wie viele auf der anderen Seite argumentieren. Vielmehr geht es um das Wesen der Wissenschaft – die ständige Überprüfung der Ergebnisse. Wichtig für jede **wissenschaftliche Auseinandersetzung** ist die sachliche Diskussion. Aufseiten der Wissenschaft, die den anthropogenen Klimawandel vertritt, ist eine gleichbleibend sachliche Haltung wichtig und trägt zur Glaubwürdigkeit bei. Eine große Zahl der Naturwissenschaftler, die die anthropogene Klimaänderung bestreiten, hat ein anderes Spielfeld der Auseinandersetzung gewählt bzw. hinzugefügt – das der Polemik. Zudem fügt der Schulterschluss mit umstrittenen Persönlichkeiten und/oder gerade in den USA mit konservativen und traditionell weniger umweltbewusst ausgerichteten politischen Vertretern dem Ganzen ein Beigeschmack zu, der an der Unabhängigkeit dieser Wissenschaftler zweifeln lässt – einen Vorwurf, den sie aber pauschal allen Kollegen, die die wissenschaftliche Meinung des anthropogenen Klimawandels vertreten, machen. Angesichts der Unterstützung überwiegend US-amerikanischer klimaskeptischer Klimaforscher von diffusen Weltverschwörungstheorien wie „somebody wants to kill the African dream to develop" ist eine sachliche Auseinandersetzung nicht einfach und – so macht es den Anschein – auch nicht gewünscht. Allerdings tragen auch Aussagen wie der Vergleich von Holocaustleugnern mit Klimaskeptikern (allerdings keine Äußerung aus der Wissenschaft) nicht zu einer sachlichen Auseinandersetzung bei.[141] Dagegen sollte die wissenschaftliche Auseinandersetzung im Wissenschaftsraum im Rahmen von wissenschaftlichen Kongressen, Forschungskolloquien, Forschungsin-

---

141 (2) *„Sadly we need disasters like this to show people. Some people don't believe in climate warming – like those who don't believe there was a Holocaust ..."* in THE SUN, Exklusiv-Interview mit Paul McCartney: I like Obama ... and he's right to have a go at us for polluting his country", 24.6.2010.

stituten, wissenschaftlichen Publikationen, Begutachtungsverfahren etc. immer wieder gesucht und fair geführt werden.

Unter den klimaskeptischen Naturwissenschaftlern, die durch relevante Forschung und Veröffentlichungen zu dem Kreis weltweit *anerkannter* Klimaforscher gehören, sind keine deutschen Wissenschaftler.[142] Anerkannte (klimaskeptische) Wissenschaftler forschen in Wissenschaftsorganisationen weltweit und tragen mit begutachteten Forschungsarbeiten und Veröffentlichungen zur wissenschaftlichen Auseinandersetzung zum Thema Klimaänderung bei. Ihre Arbeiten werden bereits teilweise auch zu den IPCC-Berichten herangezogen. In Deutschland gibt es bis auf eine Ausnahme keinen Klimaforscher, dessen klimaskeptische Arbeit erfolgreich eine Peer Review durchlaufen hat bzw. relevant publiziert wurde. Eine solche Veröffentlichung setzt i.d.R. eine hohe Forschungsqualität voraus. Daher kann von unterschiedlichen Niveaus der Forschungsqualität ausgegangen werden. Dazu kommt, dass sich auch eine große Bandbreite bspw. von Politikern, Unternehmern, Autoren und Bürgern unter den Klimaskeptikern befinden, die die naturwissenschaftlichen Ergebnisse des IPCC infrage stellen, ohne selbst Experten zu sein. Eine **Auseinandersetzung** auf naturwissenschaftlicher Ebene **im öffentlichen Raum** kann daher in der Laienwahrnehmung nur zur Verwirrung führen. Die Hauptargumente sind, dass ein Laie bspw. die Bandbreite von „Pseudowissenschaft" und „Stand der Wissenschaft" nicht erfassen kann.

Die Ausführungen haben aber auch gezeigt, dass ein größeres Verständnis dafür, welche Funktion Modelle in der Klimawissenschaft erfüllen und erfüllen können, notwendig ist. Weniger bei den Klimaskeptikern, die, soweit sie selbst Wissenschaftler sind, mit der Validität von Modellen in der Wissenschaft vertraut sein sollten, sondern in der **Kommunikation mit Laien**.

---

142 Vgl. Liste der Klimaskeptiker im Anhang I.

3. Klimabewusstsein und Klimaskepsis in Deutschland

3.1. In der Bevölkerung

Die Auswertung der Eurobarometer-Umfrage[143] unter europäischen Bürgern über 15 Jahre im Jahr 2008 ergab, dass der Klimawandel für die deutschen Bürger eine Angelegenheit von größter Bedeutung ist. Neben der Tatsache, dass er als eines der größten Probleme angesehen wird, denen die Welt derzeit gegenübersteht, bestätigen fast drei Viertel der deutschen Bürger, dass sie dieses Problem sehr ernst nehmen.

Obwohl 65% der Deutschen angeben, über die Ursachen und Folgen des Klimawandels und die Möglichkeiten, ihn zu bekämpfen (59%), informiert zu sein, ist der Anteil an deutschen Bürgern, die sich schlecht über dieses Thema informiert fühlen, nach wie vor erheblich (34%). Diese Selbsteinschätzung wird z.B. durch die Tatsache bestätigt, dass 31% der deutschen Bürger glauben, dass CO_2-Emissionen nur einen unbedeutenden Einfluss auf den Klimawandel haben, und 7% der befragten Bürger erklären, nicht zu wissen, ob diese überhaupt einen Einfluss haben.

Auch wenn deutsche Bürger in hohem Maße die Bedeutung des Klimawandels erkennen, scheint ihre Einstellung hinsichtlich der weiteren Entwicklung dieses Problems größtenteils optimistisch zu sein: Die meisten europäischen Bürger sind überzeugt, dass der Prozess noch aufgehalten werden kann.

Eine deutliche Mehrheit (61%) bestätigt, in dieser Angelegenheit die eine oder andere Maßnahme ergriffen zu haben. Unter den Befragten, die sich über den Klimawandel (seine Ursache, die Konsequenzen und die Möglichkeiten, ihn zu bekämpfen) informiert fühlen, ist die Ansicht, dass man etwas unternehmen muss, um den Klimawandel zu bekämpfen, deutlich verbreiteter als unter den Befragten, die sich über dieses Thema schlecht informiert fühlen. Dies wird noch verstärkt durch die Feststellung, dass mangelnde Information als wichtiger Grund angegeben wird, keine Maßnahmen gegen den Klimawandel zu ergreifen.

---

143 Im Folgenden vgl. Spezial Eurobarometer 300/Welle 62.2 TNS opinion & social, im Auftrag der EU Kommission und des EU Parlaments: Einstellungen der europäischen Bürger zum Klimawandel", Befragung März – Mai 2008, Veröffentlichung September 2008.

Drei Viertel der deutschen Bürger sind der Ansicht, dass Unternehmen und Industrie nicht genug tun, um den Klimawandel zu bekämpfen. Dagegen glauben nur 53% der Bürger, dass sie selbst nicht genug tun, und 41%, dass sie so viel wie nötig tun. Nur 48% der Deutschen glauben, dass die deutsche Regierung nicht genug tut (EU 27 = 62%), 40% glauben, sie tut so viel wie nötig, und 8% glauben, sie tut zu viel.

Nicht jede (mögliche) Klimaschutzmaßnahme wird jedoch positiv bewertet. Danach sind mit dem Einsatz von Biokraftstoffen nur 54% der deutschen Bevölkerung einverstanden und liegen damit weit unter dem EU27-Durchschnitt (70%). 42% der Deutschen gaben an, dass sie bereit wären, bis zu 12% höhere Energiekosten für Energie aus alternativen Quellen zu bezahlen. Genauso viele sind dazu nicht bereit.

Der wichtigste Grund für deutsche Bürger, gegen den Klimawandel selbst nichts zu unternehmen, ist die Überzeugung, dass Regierungen, Firmen und die Industrie ihr Verhalten ändern sollten (42%). *Als persönlichen Beitrag ergreifen die deutschen Bürger hauptsächlich Maßnahmen, die verhältnismäßig wenig persönlichen oder finanziellen Einsatz verlangen*, wie z.B. Abfalltrennung und die Reduzierung von Energie- und Wasserverbrauch und von Einwegprodukten. *Ein nicht unerheblicher Anteil räumt allerdings ein, dass der Aspekt der Kostenersparnis für sie bei diesen Maßnahmen die Hauptmotivation ist.* Das Prinzip der gemeinsamen Anstrengung (wenn jeder sein Verhalten ändert, würde dies wirklich etwas ändern) und die Überzeugung, dass es ihre Pflicht als Bürger ist, die Umwelt zu schützen, sind die Hauptgründe der Befragten, gegen den Klimawandel aktiv zu werden. 41% der deutschen Bürger erklären, dass sie gerne etwas unternehmen würden, aber nicht wissen, was sie tun sollen. 30% der Befragten sind der Meinung, dass es keinen Einfluss auf den Klimawandel haben wird, wenn sie ihr Verhalten ändern, und immerhin 18% sind überzeugt, dass es zu teuer wäre, etwas gegen den Klimawandel zu unternehmen.

2009 wurde die Forsa-Umfrage „Klimawandel und Klimaschutz"[144] in der deutschen Bevölkerung bei Kindern und Jugendlichen im Alter von 10 bis 14 Jahren durchgeführt. 82% der befragten Jugendlichen haben schon einmal etwas über den weltweiten Klimawandel gehört. Nur wenige der befragten Jugendlichen (14%) machen sich persönlich große Sorgen darüber, dass sie oder andere Menschen in Zukunft unter den Folgen des Klimawandels oder anderer Umweltprobleme leiden müssen. 33% der Jugendlichen geben an, dass es an ihrer Schule konkrete Aktionen und Projekte zum Klimaschutz gibt. 81% möchten im Unterricht gerne mehr über den Klimaschutz erfahren.

---

144 Forsa. Gesellschaft für Sozialforschung und statistische Analysen mbH: Klimawandel und Klimaschutz, Auftraggeber BMU, Erhebungszeitraum 27. Juli bis 3. August 2009.

Eine Umfrage[145] des Umweltbundesamtes (UBA) zum Umweltbewusstsein in Deutschland attestiert im November 2010 weiterhin ein hohes Bewusstsein der Bevölkerung für die Gefahren des Klimawandels. Darüber hinaus auch eine nicht nur „wohlwollende Akzeptanz" der Klimapolitik, sondern auch die Bereitschaft der Bürger, nicht nur auf andere Akteure zu warten, sondern selbst vermehrt zum Klimaschutz beizutragen.[146] Ob dies im Lichte der Ergebnisse der Eurobarometer-Umfrage tatsächlich in der Praxis Bestand haben würde, darf allerdings bezweifelt werden.

Fasst man die Ergebnisse der Eurobarometer-Umfrage von 2008, der Forsa-Umfrage von 2009 sowie der Umfrage des UBA von 2010 zusammen, so ist Klimaskepsis in der deutschen Bevölkerung kaum ein Thema. Allerdings wurde die Eurobarometer-Umfrage im Windschatten der Vorbereitungen zur Klimakonferenz von Kopenhagen durchgeführt. Nachdem Kopenhagen und Cancún nicht zu Ergebnissen bezüglich eines rechtlich verbindlichen Abkommens geführt haben, der IPCC durch verschiedenste Vorkommnisse (vgl. Kapitel 1.4) kräftig durchgeschüttelt wurde und einige Klimaschutzmaßnahmen[147], die die Bürger unmittelbar betreffen, zunächst scheiterten, sind die Ergebnisse der Umfrage mit Vorbehalt zu betrachten.

Eine von dem Nachrichtenmagazin Spiegel bei Infratest im März 2010 in Auftrag gegebene Umfrage kommt zu einem anderen Ergebnis. Die folgende Abbildung verdeutlich, dass den Deutschen eine gewisse „Klimamüdigkeit" im Vergleich zu 2006 attestiert werden kann. Dies stimmt auch mit den Ergebnissen der Medienanalyse im folgenden Kapitel 3.3 überein. Der Umfragezeitpunkt ist daher, wie sich im Folgenden noch zeigen wird, immer von entscheidender Bedeutung.

---

145 Es wurden 2.008 Personen über 18 Jahre befragt.
146 Umweltbundesamt: Umweltbewusstsein in Deutschland 2010. Ergebnisse einer repräsentativen Bevölkerungsumfrage, November 2010, S. 41.
147 Wie die Einführung des Kraftstoffs E10 sowie der Versuch, einschneidende Wärmeschutzmaßnahmen für Bestands-/Alt-Gebäude umzusetzen.

Abbildung 2: Ergebnisse der Spiegel-Umfragen zur Angst vor Klimawandel 2006 und 2010

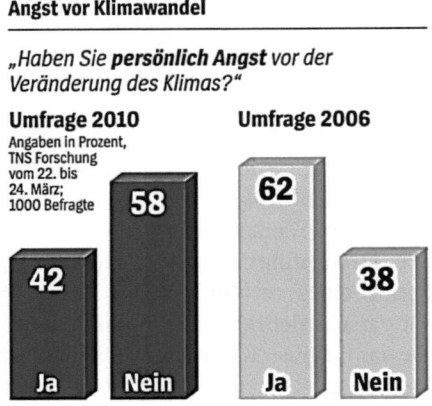

SPIEGEL-UMFRAGE
Angst vor Klimawandel
„Haben Sie persönlich Angst vor der Veränderung des Klimas?"
Umfrage 2010
Angaben in Prozent, TNS Forschung vom 22. bis 24. März; 1000 Befragte
Umfrage 2006
42
Ja
58
Nein
62
Ja
38
Nein

Quelle: Spiegel Online, www.spiegel.de/wissenschaft/Natur/0,1518,685946,00.html (abgerufen 24.4.2011)

Abbildung 3: Ergebnis der Spiegel-Umfrage 2010 zur Zuverlässigkeit der Klimaprognose

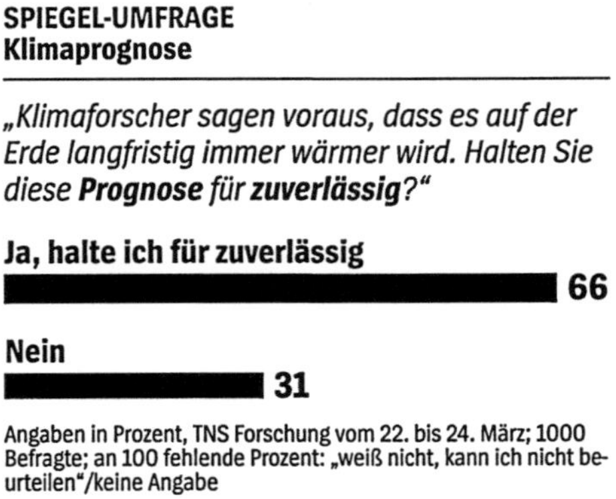

SPIEGEL-UMFRAGE
Klimaprognose
„Klimaforscher sagen voraus, dass es auf der Erde langfristig immer wärmer wird. Halten Sie diese Prognose für zuverlässig?"
Ja, halte ich für zuverlässig
66
Nein
31
Angaben in Prozent, TNS Forschung vom 22. bis 24. März; 1000 Befragte; an 100 fehlende Prozent: „weiß nicht, kann ich nicht beurteilen"/keine Angabe

Quelle: Spiegel Online, http://www.spiegel.de/wissenschaft/natur/0,1518,685946,00.html vom 29.3.2010 (abgerufen 24.4.2011)

Aus Abbildung 3 wird deutlich, dass die Angst vor dem Klimawandel innerhalb von vier Jahren signifikant abgenommen hat und ein Drittel der Bevölkerung die Klimaprognosen zur Erderwärmung für nicht zuverlässig hält. Als Erklärung für diesen Sinneswandel werden von den Medien die Vorkommnisse um den IPCC herangezogen.[148] Ein weiterer Grund ist in dem Scheitern des Klimagipfels in Kopenhagen 2009 zu sehen, das selbst in der aktivistischen Klimabewegung zu einem Antiklimax führte.[149]

Eine ähnliche Umfrage führte im März 2010 das Gallup Institut in den USA durch.[150] Wie in Abbildung 4 erkennbar, änderte sich dort im gleichen Zeitraum die Einschätzung, dass das Thema Klimawandel generell übertrieben wird, von 30 auf 48%. Auch hier liegt die Vermutung nahe, dass dies mit der Diskussion um die Vorkommnisse beim IPCC zu tun hat. Bereits 2004 hatte es einen Ausschlag von 33 auf 38% gegeben. 2004 war das Jahr der Diskussion um die im dritten Sachstandsbericht des IPCC veröffentlichte „Hockeyschlägerkurve".

Auch in Internetforen (Chats) überregionaler Zeitungen in Deutschland sind kritische Stimmen zu finden. Dies ist auch das Ergebnis einer allerdings 2006 durchgeführten Analyse des Chat-Forums des Nachrichtemagazins Spiegel. Danach mehren sich in der Bevölkerung kritische Stimmen, die sich eine „gemäßigtere" Haltung wünschen oder „an den ganzen Klimaschwindel" nicht glauben. Dabei werden bekannte Positionen der organisierten Klimaskeptiker eingenommen, bspw. die Klimamodelle seien Fiktion, die Gelder, die für die Klimaforschung ausgegeben werden, seien verschwendet.[151] Forumsbeiträge zu Artikeln in Online-Medien 2011 lauten ähnlich.[152]

---

148 Vgl. Der Spiegel: „Das schwindende Vertrauen in die Klimaforschung hat möglicherweise auch mit den jüngst bekannt gewordenen Fehlern im Bericht des Weltklimarates IPCC zu tun." vom 27.3.2010 oder Die Welt: „Zu viele grobe Fehler kosten Glaubwürdigkeit" vom 28.3.2010.
149 Klimamüdigkeit attestiert bspw. Heise online am 16.11.2009: Die Klimamüdigkeit breitet sich aus, abrufbar unter http://www.heise.de/tp/blogs/2/146558 (22.05.2011) oder die Heinrich-Böll-Stiftung, Europäische Union, Brüssel (Hrsg.) : Herausforderung Krise. Was kann Europa?, Brüssel, September 2010, S. 32f.
150 Newport, Frank: Americans Global Warming Concerns Continue to Drop, http://www.gallup.com/poll/126560/americans-global-warming-concerns-continue-drop.aspx 20.11.2010 (abgerufen am 24.4.2011).
151 Vgl. Antos, Gerd und Gogolok, Kristin: Mediale Inszenierung wissenschaftlicher Kontroversen im Wandel, in: Kontoversen als Schlüssel zur Wissenschaft. Wissenskulturen in sprachlicher Interaktion, transcript Verlag, Bielefeld 2006, S. 123ff.
152 Z.B. der Beitrag von Bernd Waltheram 15.4.2011 um 16:32 Uhr im Forum der FAZ online zum Artikel „Die Gefahr der Kippelemente" von Anders Levermann am 14.4.2011 oder „glaubblosnix" am 17.1.2011 um 07:45 im Forum von Spiegel Online zum Artikel „Klimaforschung: Wetterdaten erklären Geheimnisse der Geschichte" von Axel Bojanowski am 14.1.2011.

Abbildung 4: Ergebnis der Gallup-Umfrage in den USA zur Einschätzung der Bedrohung durch den Klimawandel 1998–2010

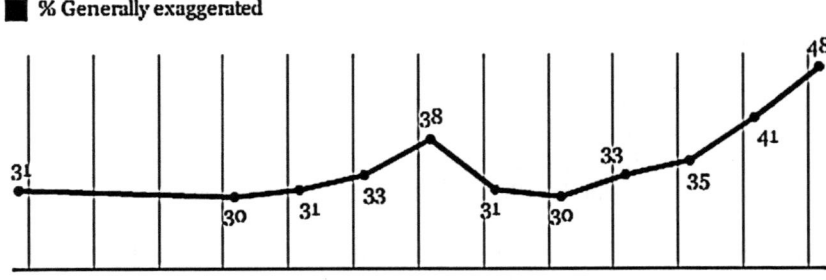

Quelle: Newport, Frank: Americans Global Warming Concerns Continue to Drop, http://www.gallup.com/poll/126560/americans-global-warming-concerns-continue-drop.aspx 20.11.2010 (abgerufen am 24.4.2011)

Das Wetter spielt eine Rolle in der Glaubwürdigkeit der Klimaforschung. Wenn in Deutschland Winter durch hohe Minusgrade und Länge gekennzeichnet sind, trägt dies zu sich häufenden – zunächst polemischen – Fragestellungen nach einer neuen Eiszeit statt einer globalen Erwärmung bei. Diese Einschätzung ist aber den Wetterschwankungen unterworfen. Ein heißer und langer Sommer kann die Wahrnehmung wieder in die entgegengesetzte Richtung leiten.

3.2. In der Politik

Für die Politik ist die Glaubwürdigkeit der Wissenschaft entscheidend. Auf **wissenschaftlichen Erkenntnissen** fußend muss sie Entscheidungen für die Zukunft treffen. Der Umgang mit globalen Risiken wie dem des Klimawandels stellt die Politik bei der Risikobewertung und den daraus folgenden Entscheidungsfindungsprozessen vor große Herausforderungen. Die Frage nach der anthropogen verursachten Klimaerwärmung ist dabei weltweit mehrheitlich nicht strittig. Jedoch gibt es bspw. bei Fragen nach des nationalen oder regionalen Betroffenseins oder dem Ausmaß der Schadensfolgen ein breites Spektrum an Möglichkeiten. Die möglichen Konsequenzen des Risikos werden zudem unterschiedlich bewertet (Ambiguität).[153] Die Basis des umweltpolitischen Handelns bildet in Deutschland und der Europäischen Union u.a. das Vorsorgeprinzip, das auch in der Rio Declaration on Environment and Development und der Klimarahmenkonvention (Art. 3,3) festgeschrieben ist. Danach sollen Gefährdungen von Mensch und Umwelt auch ohne eine vollständige Wissensbasis oder Gewissheit vermieden oder vermindert werden.[154] Das Vorsorgeprinzip ist insbesondere in den USA nicht unumstritten. Es wird befürchtet, dass es zu beliebig begründbaren Vorsichtsmaßnahmen führt. Statt des „precautionary approach" kommt dort der „assessment-based approach", also basierend auf der Bewertung möglicher Auswirkungen, zur Anwendung. In Deutschland wurde das Vorsorgeprinzip jedoch als – bis heute von allen Parteien unumstrittenes – umweltpolitisches Grundprinzip bereits im Umweltprogramm von 1971 festgeschrieben.

Dennoch sind auch in Deutschland klimaskeptische Stimmen im regierungsnahen Bereich und in der Regierung selbst zu finden. Die Autorin kann dies aus eigener Erfahrung aus den Gesprächen mit hochrangigen Beamten verschiedener Bundesressorts bestätigen. Bekannt ist ein deutscher offen klimaskeptischer Europaparlamentarier.[155] Im September 2010 lud die FDP-Fraktion den umstrittenen US-amerikanischen Klimaskeptiker Fred S. Singer zu einer gut besuchten Diskussionsrunde in den Deutschen Bundestag. Die auch anwesende umweltpolitische Sprecherin der CDU-Fraktion lobte Singers Vortrag anschließend als „sehr, sehr einleuchtend".[156] Die offizielle Position der Bundesregierung lautet indes anders: *„Für die Bundesregierung ist der IPCC die relevante internationale Institution, die für die Politik den Stand der internationalen Klimaforschung umfassend begutachtet. Die Bundesregierung baut ihre Klimapolitik auf den Ergebnissen der vom IPCC ausgewerteten wissenschaftlichen Forschungsergebnissen auf, denn die Bundesregierung ist überzeugt von der Richtigkeit der*

---

153 Vgl. Renn, Ortwin et al.: Risiko. Über den gesellschaftlichen Umgang mit Unsicherheiten, oekom, München 2007, S. 142ff.
154 Vgl. Renn, Ortwin et al.: Risiko. Über den gesellschaftlichen Umgang mit Unsicherheiten, oekom, München 2007, S. 170, und Renn, Ortwin in: Risk Governance: Coping with Uncertainty, Earthscan, London 2008, S. 82f.
155 Holger Kramer, MdEP (ALDE, FDP), vgl. Krahmer, Holger, Peiser Benny und Nyilas, Arman: „Unbequeme Wahrheiten über die Klimapolitik und ihre wissenschaftlichen Grundlagen. Anregungen für neue liberale Ansätze" von 2010.
156 Cordula Meyer in Spiegel Online: Die Wissenschaft als Feind, 4.10.2010, abrufbar unter http://www.spiegel.de/spiegel/0,1518,721168-3,00.html (13.3.2011).

Bewertung der grundlegenden klimawissenschaftlichen Erkenntnisse durch den IPCC und hat keinen Grund, diese in Frage zu stellen."[157]

Ein stark diskutiertes Beispiel ist auch ein Zitat aus der Rede[158] von Altkanzler Helmut Schmidt, SPD, zum 100-jährigen Bestehen der Max-Planck-Gesellschaft (MPG), die die MPG auf ihrer Internetseite veröffentlichte und zu einem späteren Zeitpunkt dann um diese Passage kürzte:

> *„Die von einer internationalen Wissenschaftlergruppe (Intergovernmental Panel on Climate Change, IPCC) bisher gelieferten Unterlagen stoßen auf Skepsis, zumal einige der beteiligten Forscher sich als Betrüger erwiesen haben. Jedenfalls sind die von einigen Regierungen öffentlich genannten Zielsetzungen bisher weniger wissenschaftlich als vielmehr lediglich politisch begründet. Es scheint mir an der Zeit, daß eine unserer wissenschaftlichen Spitzenorganisationen die Arbeit des IPCC kritisch und realistisch unter die Lupe nimmt und sodann die sich ergebenden Schlußfolgerungen der öffentlichen Meinung unseres Landes in verständlicher Weise erklärt."*[159]

Von vereinzelten Stimmen abgesehen, ist eine offene Klimaskepsis in der deutschen Politik so gut wie nicht vorhanden. Sie wäre allerdings im umweltbewussten Deutschland auch nicht „hoffähig". Es ist aber zumindest tendenziell von einer versteckten Klimaskepsis auszugehen. Diese könnte unter anderen Rahmenbedingungen, d.h. einer geänderten Grundhaltung, einem Stimmungsumschwung in der breiten Bevölkerung, auch offen zutage treten.

Ganz nüchtern betrachtet: Klimapolitik kann sich nicht in Luft auflösen. Die Politik könnte zwar dem Thema eine geringere Priorität einräumen, aber bereits getroffene Maßnahmen auf nationaler und internationaler Ebene (z.B. im Kontext mit Zusagen an Entwicklungs- und Schwellenländer) zu stoppen oder radikal einzudämmen, ist auf absehbare Zeit nicht realistisch. Das Klimaregime hat mittlerweile eine eigene Dynamik, gewaltige Finanzvolumina (insbesondere im Hinblick auf Entwicklungs- und Schwellenländer) und etablierte Strukturen entwickelt. Allerdings mehren sich in der Politik und der Verwaltung Stimmen,

---

157 Deutscher Bundestag – 17. Wahlperiode – 3 – Drucksache 17/3917: Antwort der Bundesregierung. Position der Bundesregierung zur Leugnung des Klimawandels, 22.11.2010.

158 Schmidt, Helmut: Verantwortung der Forschung im 21. Jahrhundert, Die Rede von Helmut Schmidt zum Festakt am 11. Januar 2011 in Berlin, abrufbar unter http://www.mpg.de/990353/Verantwortung_der_Forschung (11.6.2011). Um die ursprünglich von der MPG ins Netz gestellte Fassung ranken sich mittlerweile zahllose Blogbeiträge wie bspw. von Grundmann, Rainer auf dem Blogspot „Die Klimazwiebel" vom 7.3.2011 http://klimazwiebel.blogspot.com/2011/03/helmut-schmidt-uber-klimapolitik.html (11.6.2011) oder der „Achse des Guten" von Peiser, Benny: ‚Helmut Schmidt bestreitet das Zitat vehement' vom 24.3.2011, abrufbar unter http://www.achgut.com/dadgdx/index.php/dadgd/article/helmut_schmidt_bestreitet_das_zitat_vehement/ (11.6.2011).

159 Ob Altkanzler Schmidt diese Passage in seiner Rede bei der Max-Planck-Gesellschaft nun vortrug oder nicht, ist mittlerweile strittig.

die für Mäßigung im Klimathema eintreten und Offenheit für klimaskeptische Äußerungen zeigen. Verstärkt werden könnte diese Tendenz, wenn auch in Durban im Dezember 2011 kein verbindliches Folgeabkommen des Kyoto-Protokolls erzielt werden kann. Ein **international verbindliches Klimaschutzabkommen** ist eine Notwendigkeit: *„Ohne ein solches Abkommen dürften Unternehmen in Ländern, die eine konsequente Klimaschutzstrategie verfolgen, zumindest kurzfristig Wettbewerbsnachteile erleiden. Das dauerhafte Festhalten an einer anspruchsvollen Klimaschutzpolitik ist dann wenig wahrscheinlich."*[160] Im Rahmen dieser Arbeit wird auf eine entsprechende Handlungsempfehlung in Richtung eines solchen Abkommens verzichtet – sie ist ohnehin Konsens in der Parteienlandschaft.

3.3. In den Medien

Melanie Weber stellt dar, dass es sich beim anthropogenen Klimawandel um ein zeitlich und räumlich komplexes globales Umweltproblem handelt. Eine Unterscheidung zwischen normalem Wetter und atypischen Klimaveränderungen ist für Laien ohne wissenschaftliche Deutung nicht möglich. Die Laienkommunikation, die primär über die Massenmedien stattfindet, ist ein wesentlicher Einflussfaktor auf die Laienwahrnehmung des Klimawandels.[161]

Weingart et al. haben Spiegel-Überschriften von 1979 bis 1996 ausgewertet. Danach standen in diesem Zeitraum Katastrophenszenarien im Fokus. Eine weitere Auswertung von Zeitungen, und zwar Handelsblatt, Zeit, Welt und FAZ, hinsichtlich klimaskeptischer Beiträge zwischen 1993 und Mitte 1998 ergab, dass ab Ende der 1990er Jahre auch klimaskeptische Berichterstattung Eingang in die Massenmedien fand. Jedoch bleibt die skeptische Medienkommunikation gemessen an der Gesamtberichterstattung zum Klimathema marginal.[162]

Zum gleichen Ergebnis kommt die Auswertung der Online-Berichterstattung zum Thema Klimawandel von Spiegel, Welt, Handelsblatt und FAZ im Zeitraum 1.1.2010 bis 31.3.2011 im Rahmen dieser Arbeit.

---

160 Ewi, prognos, gws: Studie. Energieszenarien für ein Energiekonzept der Bundesregierung. Projekt Nr. 12/10, Basel, Köln, Osnabrück 2010, S. 188.
161 Vgl. Weber, Melanie: Alltagsbilder des Klimawandels, VS Verlag für Sozialwissenschaften, Wiesbaden 2008, S. 23.
162 Weingart, Peter et al.: Von der Hypothese zur Katastrophe. Der anthropogene Klimawandel im Diskurs zwischen Wissenschaft, Politik und Massenmedien, Verlag Barbara Budrich, Opladen & Farmington Hills 2008, S. 141ff. und S. 151.

Tabelle 1: Klimaberichterstattung in Online-Medien ab 2010

Medium	Zeitraum	Einträge	Klimaskeptische Äußerung	Kritische Betrachtung von Klimaskeptikern	Kritische Betrachtung IPCC	Kritische Betrachtung Klimaforschung	Kritische Betrachtung von Klimaschutzmaßnahmen
Spiegel Online	1.1.2010 bis 31.3.2011 (14 Monate)	124	0,8%	3,9%	13,1%	2,3%	12,3%
Welt online	1.1.2010 bis 30.6.2010 (6 Monate)[163]	154	5,1%	0%	9%	0,6%	5%
FAZ online	1.1.2010 bis 31.3.2011 (14 Monate)	109	0%	2,8%	9,2%	4,6%	20,2%
Handelsblatt online	1.01.2010 bis 31.3.2011 (14 Monate)	85	0%	1,2%	5,9%	1,2%	8,2%

Quelle: eigene Auswertung, vgl. auch Anlage II

Demnach ist das Thema in allen untersuchten Online-Medien sehr präsent; es vergeht kaum ein Tag, an dem nicht ein klimarelevanter Beitrag veröffentlicht wird (vgl. Anlage II). Gemessen an der Gesamtberichterstattung ist auch hier die Zahl klimaskeptischer Beiträge marginal. Eher noch findet sich eine kritische Auseinandersetzung mit Klimaskeptikern. Das gilt (erstaunlicherweise) gleichermaßen für das breitere politische Medienspektrum.

„Alarmistische" Titel finden sich bei der Berichterstattung nur selten. Bei den 472 untersuchten Beiträgen finden sich 27 Titel bzw. Texte, die eine alarmistische Ausrichtung aufweisen, das sind gerade 5,7%. Allerdings kann davon ausgegangen werden, dass natürlich insbesondere diese im Gedächtnis haften bleiben.

Mitunter scharfe Kritik am IPCC findet sich zeitlich begrenzt im Wesentlichen zu Beginn 2010 als Reaktion auf die Ereignisse um „climate gate" und „gletscher gate" bzw. um die Zeit der Veröffentlichung des IAC-Berichtes im August 2010. Sie macht bis rund 13% (Spiegel) der gesamten Klimabericht-

---

[163] Aufgrund der großen Zahl der Klimaberichterstattung in der Welt online wurde nur ein halbes Jahr betrachtet (Ergebnisse in Klammern dargestellt).

erstattung aus. Hier geht es nicht um das Infragestellen des anthropogenen Klimawandels. Die Kritik betrifft vielmehr die Verfahren, Prozesse, Fehler und Kommunikation des IPCC im Zusammenhang mit den IPCC-Sachstandsberichten. Kritische Äußerungen zur Klimaforschung insgesamt sind bei allen vier Online-Medien selten. Klimaschutzmaßnahmen und die mit ihnen verbundene Politik sind dagegen präsente Themen in der Berichterstattung. Die Kritik lässt sich in drei Bereiche einteilen:

a) Kritik an Klimaschutztechnologien (bspw. an der CO_2-Speicherung, am Aufstellen von Windkraftanlagen)
b) Kritik an den Kosten des Klimaschutzes (bspw. höhere Energiekosten, kostenintensive Gebäudesanierungen, Kosten für die Industrie)
c) Kritik an der Umsetzung bereits implementierter Klimaschutzmaßnahmen (bspw. Betrug beim EU-Emissionshandel, Einführung des Kraftstoffs E10)

Das Klimabewusstsein in den untersuchten Online-Medien ist somit als hoch einzustufen. Klimaskeptiker und klimaskeptische Beiträge finden sich kaum in den untersuchten Medien. Auffallend hingegen ist der relativ hohe Anteil von kritischen Beiträgen zum Klimaschutz von durchschnittlich rund 11,4% an der gesamten Klimaberichterstattung. Bei Spiegel Online betrug dieser Anteil sogar 20,2,%.

3.4. Erkenntnisgewinn für die Handlungsempfehlungen

In den Medien sind klimaskeptische Äußerungen nach wie vor marginal. Eine Vielzahl kritischer Äußerungen findet sich um den Zeitpunkt des Bekanntwerdens der Ereignisse um den IPCC.

Allerdings hat sich das Klimabewusstsein deutscher Bürger im Zeitraum zwischen 2006 und 2010 verändert. Obwohl die Mehrheit der Bürger die Aussagen der Klimaforscher immer noch als glaubwürdig einstuft, haben sowohl die Angst vor den Gefahren des Klimawandels als auch das Vertrauen in die Aussagen der Klimaforscher abgenommen. Als Hauptgründe dafür wurden (1) die angeschlagene Glaubwürdigkeit des IPCC und (2) Ermüdungserscheinungen gegenüber alarmistischen Prognosen ohne Bezug zur Erlebniswelt sowie (3) das Scheitern des Klimagipfels in Kopenhagen identifiziert. Ob sich diese Haltung ändert, ist auch von der Glaubwürdigkeit der internationalen Klimaforschung in Gestalt des IPCC abhängig. Da die Medien erste Quelle für Informationen aus der Klimaforschung sind, ist die **adäquate und möglichst geschlossene Kommunikation in**

Krisensituationen von entscheidender Bedeutung. Empfehlenswert ist auch ein **Wirken gegen eine alarmistische Berichterstattung**, denn wenn die Effekte auf absehbare Zeit nicht eintreten, kann die Glaubwürdigkeit der Klimaforschung leiden.[164]

Peter Weingart kommt zu dem Schluss, dass Rückwirkungen auf die Wissenschaft dann möglich sind, wenn übertriebene Warnungen und frühe Katastrophenmeldungen den öffentlichen Diskurs dominieren und nicht auf eine innerfachliche Auseinandersetzung beschränkt bleiben. „Unrealistische Prognosen und nicht eingetretene Katastrophen fordern Gegenexpertisen heraus, und die zunächst von der Wissenschaft intendierte Aufmerksamkeit der Politik und der Öffentlichkeit für den anthropogenen Klimawandel erzeugt möglicherweise Skepsis gegenüber wissenschaftlicher Expertise. Das Risiko für die Wissenschaft ist der Verlust der Glaubwürdigkeit."[165]

Auch eine möglichst konsensuale Erläuterung des Verständnisses von „Wetter" und „Klima" angesichts immer wiederkehrender Fragen und Einschätzungen zum Verständnis von Extremereignissen wie Fluten oder Hitzeperioden wäre hilfreich.[166]

Zur adäquaten Kommunikation gehört auch eine **Auseinandersetzung mit den Argumenten der Klimaskeptiker** (bspw. anhand von FAQ), um auch in öffentlichen Situationen immer „gewappnet" zu sein und sachlich und zielgerichtet argumentieren zu können.

Klimaschutzpolitik kann als wirtschaftlicher Fluch und Segen zugleich wahrgenommen werden. Sie verursacht Kosten wie beim Emissionshandel, schafft aber auch neue wirtschaftliche Perspektiven wie bei den erneuerbaren Energien. Solange diese Balance stimmig ist und Ausschläge in Richtung Kosten nicht als zu belastend empfunden werden, wird die Klimapolitik (wie viele Politikfelder) von großen Teilen der Bevölkerung immer noch als „gute und richtige" Politik wahrgenommen und eher weniger infrage gestellt. In Deutschland herrscht eine „Umweltkultur", d.h. die historisch gewachsene Akzeptanz und Befürwortung umweltpolitischer Maßnahmen.[167] Daher ist auch die Komplexität der wissenschaftlichen Grundlagen der Klimaforschung zum Klimawandel zu-

---

164 Vgl. Antos, Gerd und Gogolok, Kristin: Mediale Inszenierung wissenschaftlicher Kontroversen im Wandel, in: Kontoversen als Schlüssel zur Wissenschaft. Wissenskulturen in sprachlicher Interaktion, transcript Verlag, Bielefeld 2006, S. 121.

165 Weingart, Peter et al.: Von der Hypothese zur Katastrophe. Der anthropogene Klimawandel im Diskurs zwischen Wissenschaft, Politik und Massenmedien, Verlag Barbara Budrich, Opladen & Farmington Hills 2008, S. 87.

166 Vgl. BMBF Pressemitteilung: Kalter Winter in Europa stellt Klimawandel nicht in Frage, 022/211 vom 25.2.2011.

167 Aktuell auch verstärkt durch die Reaktorkatastrophe in Fukushima, Japan.

nächst zweitrangig und die Ergebnisse werden von einer Mehrheit der Bevölkerung nicht infrage gestellt.

Klimaschutzmaßnahmen werden auch in Zukunft bspw. durch geplante Energieeinsparmaßnahmen in Haushalten einen großen Einfluss auf die Lebensumwelt der Bevölkerung haben. Viele dieser Einflüsse sind mit zusätzlichen Kosten verbunden. Das betrifft in besonderem Maße auch die Industrie – die ihrerseits die Kosten wieder auf den Verbraucher umlegen wird. So bezifferte die Europäische Kommission die Kosten zur Erreichung des Klimaschutzziels „Senkung des CO_2-Ausstoßes bis zum Jahr 2050 um 80%" auf 270 Milliarden Euro jährlich.[168] Technologische Innovationen und Systemanpassungen lassen sich dazu nicht über Nacht realisieren und finanzieren. Die ursprünglichen Planungen zur energetischen Sanierung des Gebäudebestands oder die Umsetzung von CCS-Demonstrationsvorhaben führen aus finanziellen und technologieskeptischen Gründen zur Ablehnung klimapolitischer Maßnahmen in der Bevölkerung. Im Ansatz zunächst gescheiterte Klimaschutzmaßnahmen wie die Einführung des Kraftstoffs E10 zeigen eine Diskrepanz zwischen „Was wir alle wollen" und „Was wir dafür tun können und müssen" auf.

Die eigentliche Gefahr geht nicht von den Klimaskeptikern aus, sondern vom Verlust der Glaubwürdigkeit der Klimawissenschaft (IPCC, renommierte nationale Institute) in der Bevölkerung. Dies kann dann eintreten, wenn signifikante Fehler mit inadäquater oder alarmistischer Kommunikation und kostenintensive Klimaschutzmaßnahmen zusammentreffen. Ereignisse wie „climate gate" oder der viel diskutierte Fehler im 4. Sachstandsbericht des IPCC zum Abschmelzen des Himalaya-Gletschers haben bereits zur Sensibilisierung der Öffentlichkeit und der einen oder anderen Saat des Misstrauens gegenüber der Klimaforschung beigetragen. Diese Gemengelage ist eine ideale Ausgangssituation für eine breitere Öffentlichkeitswirkung für die Argumente der Klimaskeptiker. Dies kann Folgen für die Durchsetzbarkeit künftiger klimapolitischer Maßnahmen haben oder zu anderen Präferenzen in der Umweltpolitik führen.

Grundvoraussetzungen zur Umsetzung von **Klimaschutzmaßnahmen** sind klare Politikvorgaben, die auf gesellschaftlichem Konsens basieren, technologische Innovationen und Systemanpassungen.[169] Ein **gesellschaftlicher Konsens zur Umsetzung** finanziell auch schmerzhafter Maßnahmen, die teilweise direkt von den Bürgern getragen werden müssen, herrscht aber noch nicht.

---

168 European Commission: A Roadmap for moving to a competitive low carbon economy in 2050, COM(2011) 112 final, 8.3.2011.
169 Vgl. ewi, gws, prognos für das BMWI: „Energieszenarien für ein Energiekonzept der Bundesregierung, Projekt 12/10, August 2010, S. 188.

Die Forsa-Umfrage unter Kindern und Jugendlichen hat einen großen Wunsch (82% aller Befragten) nach mehr Informationen über den Klimawandel an Schulen ergeben, d.h.. hier scheint es einen Mangel zu geben. Für ein Thema, das spätestens in den 1990er Jahren sehr präsent in Medien, Politik und wirtschaftlichem Handeln[170] Eingang gefunden hat, ist das kaum verständlich. Auch aus der Eurobarometer-Umfrage wird deutlich, dass es immer noch erhebliche Informationsdefizite über Basiswissen – wie den Einfluss von CO_2-Emissionen – gibt. Diese Defizite würden durch eine verstärkte Auseinandersetzung an Schulen mit dem Thema Klimawandel sicherlich verringert werden können. Diese Maßnahme in Richtung eines basisinformierten Bürgers könnte perspektivisch eine kritische Auseinandersetzung mit klimaskeptischen Einflüssen erhöhen. Auch eine höhere Akzeptanz klimapolitischer Maßnahmen könnte durch eine bessere **Integration in den Bildungskanon** an Schulen erreicht werden.

Zudem ist Klimawandel schon lange ein **interdisziplinäres Thema**, was sich aber an den Hochschulen und in der wissenschaftlichen Realität kaum widerspiegelt. So kommt eine Recherche des Deutschen Klima-Konsortiums zu dem Ergebnis, dass von 53 untersuchten universitären Ausbildungsangeboten mit Klimabezug (bspw. Lehrveranstaltungen innerhalb eines Studiengangs) 85% in naturwissenschaftlichen und nur 15% in anderen Wissenschaftsbereichen verankert sind.

---

170   Emissionshandel, erneuerbare Energien etc.

4. Handlungsempfehlungen

4.1. An Politik und Wissenschaft

Empfehlung 1: IAC-Empfehlungen nicht verwässern

Der Reformprozess des IPCC wurde im März 2010 mit der Beauftragung des InterAcademy Council (IAC) zur Überprüfung der Prozesse und Verfahren des IPCC eingeleitet. Im August 2010 hat das IAC seinen Bericht mit klaren Empfehlungen für notwendige Veränderungen vorgelegt. Der IPCC hat diese Empfehlungen im Oktober 2010 im Panel diskutiert und erste Schritte zu ihrer Realisierung eingeleitet. Einige der Empfehlungen wie z.B. die Beschränkung der Amtszeiten oder der Umgang mit Grauliteratur wurden jedoch auch kritisch diskutiert und sollen modifiziert verwirklicht werden. Der IPCC wird sich keine halbherzige Reform leisten können, zu groß ist der Imageverlust der letzten Jahre. Von dort bis zum Verlust der Glaubwürdigkeit ist die Spanne nicht weit. Die Organisation steht mit dem 5. Sachstandsbericht (AR 5) wieder einmal unter Beobachtung von Medien, Politik, Öffentlichkeit und Klimaskeptikern. Die Aussagen des AR 5 werden diesmal zwangsläufig in Verbindung mit den Vorkommnissen um den AR 4 sowie dem Reformprozess in Verbindung gebracht werden. Daher hat der AR 5 im Gegensatz zu früheren Sachstandsberichten auch eine systemimmanente Bedeutung.

Klimaskeptikern, aber auch anderen Kritikern sollte so wenig wie möglich die Chance gegeben werden, die Ergebnisse des IPCC aufgrund „alter Fehlerquellen" anzugreifen. Aus der Erfahrung ist die Überhöhung von Vorwürfen durch Klimaskeptiker, aber auch durch Medien bekannt. Dem Vorwurf, die Reform sei nur Kosmetik gewesen und sonst sei alles beim Alten geblieben, sollte kein Raum gegeben werden. Insofern sollten deutsche Politiker und Wissenschaftler im Rahmen ihrer Möglichkeiten im IPCC alles daransetzen, strittige Praktiken und Fehlerquellen zu minimieren.

Empfehlung 2: Wissenschaftliche Debatten im wissenschaftlichen Rahmen belassen

Für den Laien ist der wissenschaftliche Teil der Auseinandersetzung zwischen Vertretern des anthropogenen Klimawandels und Klimaskeptikern nicht verständlich. Aufgrund der Verwendung der gleichen Fachsprache entsteht zwangsläufig der Eindruck, als stünden sich hier Ebenbürtige gegenüber, d.h., keine Behauptung kann vom Laien nachvollzogen werden. Auch bspw. absurde und offensichtlich falsche Behauptungen könnten als solche teilweise nicht einmal im Ansatz erkannt werden, da der Laie keinen Zugang zur Innenwelt der Naturwissenschaften im komplexen Feld der Klimaforschung hat.

Eine öffentliche Debatte birgt darüber hinaus die Gefahr, klimaskeptischen Argumenten einen größeren Raum und Öffentlichkeit einzuräumen, ohne dass ein Erkenntnisnutzen, stattdessen aber eine Verwirrung und der verständliche Wunsch nach einem einfachen „richtig" oder „falsch" entsteht. Was also könnte das Ziel eines öffentlich ausgetragenen Austausches sein? Zu dokumentieren, dass die Klimaforschung offen ist für Andersdenkende? Genau dieser Eindruck wird aber nicht dadurch erzeugt, dass eine Bühne mit für den Laien undurchsichtigen Argumenten freigegeben wird, auf der aufgestaute Emotionalitäten der letzten Jahre freie Fahrt haben. Stattdessen birgt es die Gefahr, die Laienwahrnehmung gesellschaftlicher Akteure zu verzerren, da ohne Expertenkenntnisse jedes Argument und jedes Gegenargument für sich logisch klingt. Gleichzeitig aber wird mit einer öffentlichen Debatte die Öffentlichkeit unnötig alarmiert, denn der Schluss liegt nahe, dass sich renommierte Wissenschaftler dann einer öffentlichen Debatte stellen, wenn auch die andere Seite „auf Augenhöhe" argumentiert und beide Seiten berechtigte und fundierte Argumente einbringen. Da diese Argumente inhaltlich letztendlich gar nicht verstanden werden, werden sie rasch zur Erschöpfung der Aufnahmekapazität beim Laienpublikum führen. Als Ergebnis ist Zweifel gesät, aber Erkenntnis nicht gewonnen.

Die wissenschaftliche Auseinandersetzung gehört dahin, wo sie zu Hause ist – in die Wissenschaft, die dafür auch reichlich Raum bietet. Warum sollte der qualitätssichernde Prozess wissenschaftlicher Verfahren wie der Peer-Review außer Kraft gesetzt werden? Das hieße, Qualitätsmerkmale der Wissenschaft für eine Minderheit außer Kraft zu setzen, die die gleiche Chance der Beteiligung im wissenschaftlichen Rahmen hatte und hat wie jeder andere Wissenschaftler auch.

Empfehlung 3: Mehr Interdisziplinarität

In der öffentlichen Wahrnehmung wird Klimaforschung bisher fast ausschließlich als Mekka der Naturwissenschaft gesehen. Dies birgt die Gefahr, dass „das

Klimathema" als Nische der Naturwissenschaft im Verbund mit der Politik wahrgenommen wird. Eine breitere Aufstellung und Verankerung dieses wichtigen Forschungsgebietes auch in anderen gesellschaftsrelevanten Disziplinen und die damit einhergehende Diversifizierung der Interessenlagen kann klimaskeptischen Tendenzen entgegenwirken. Ein sachdienlicher inhaltlicher Zugewinn für das gesellschaftsrelevante und international verbindende Forschungsgebiet „Klima" ist wünschenswert und notwendig.

Dabei geht es nicht darum, klassische Studiengänge zu ersetzen, sondern darum, *das Angebot sinnvoll zu ergänzen*. Folgende Fächer wurden im Rahmen der Befragungen in Teilbereichen als relevant für die Klimaforschung angesehen: Wirtschaftswissenschaften, Rechtswissenschaften, Politikwissenschaften, Agrarwissenschaften sowie Psychologie und Soziologie.[171] Als eine Lösung wurde in einer Umfrage bei deutschen Einrichtungen der Klimaforschung insbesondere von interdisziplinär aufgestellten Forschungseinrichtungen angegeben, dass es bereits nützlich wäre, wenn andere gesellschaftswissenschaftliche Disziplinen das Thema „Klima" in das Angebot der Lehrveranstaltungen oder Seminare/Workshops integrieren würden, um interessierten Studenten eine zusätzliche Qualifikation anzubieten.[172]

Empfehlung 4: Lehre eines differenzierteren Verständnisses von Wissenschaft

So verständlich der Wunsch nach Gewissheit, nach einem „richtig" oder „falsch" ist – Gewissheit kann gerade in komplexen Systemen nur ein Ideal sein. Klimaskepsis gedeiht jedoch prächtig auf Unsicherheiten, die von Skeptikern gern als Argumente für das Infragestellen aller Ergebnisse des IPCC/der Klimaforschung zum anthropogenen Klimawandel genutzt werden. Handlungsbedarf besteht daher bei der Vermittlung des Verständnisses von Wissenschaft als Prozess und nicht als Lieferant endgültiger Wahrheiten. Jedoch werden bereits in der Schule Naturwissenschaften als wertfrei angenommen und vermittelt, während Diskussionen in geisteswissenschaftlichen Fächern stattfinden. Naturwissenschaft, so lehrt bereits die Schule, ist daher eindeutig, geradlinig und regelgeleitet.[173] Die

---

171 Es gibt in Deutschland bereits einige Beispiele guter Praxis, die bottom-up von Forschungseinrichtungen initiiert wurden: Dazu gehören bspw. die aus der Exzellenzinitiative geförderten Graduiertenschulen in Bremen (GLOMAR), Hamburg (KlimaCampus), Heidelberg (Marsilius-Kolleg) und Kiel (ISOS) sowie die Helmholtz- und Max-Planck-Graduiertenschulen.
172 Umfrage des Deutschen Klima-Konsortiums von November 2010 als Teil eines Fragebogens zur Erstellung einer internen Studie „Humanressourcen in der Klimaforschung".
173 Höttecke, 2001, S. 21 in Weitze, Marc-Denis und Liebert, Wolf-Andreas: Kontroversen als Schlüssel zur Wissenschaft. Wissenskulturen in sprachlicher Interaktion, transcript Verlag, Bielefeld 2006, S. 10f.

„Lieferung von Gewissheiten" widerspricht dem wissenschaftlichen Selbstverständnis, denn Wissenschaft ist ein offener Prozess. Hier könnte in der Schulbildung die *Lehre eines differenzierteres Verständnisses von Wissenschaft* unterstützen.

4.2. An die Politik

Empfehlung 5: Akzeptanz von Klimaschutzmaßnahmen durch bessere Vermittlung von Wissen und Kommunikation unterstützen

In Deutschland herrscht eine „Umweltkultur", d.h. die historisch gewachsene Akzeptanz und Befürwortung umweltpolitischer Maßnahmen. Daher ist auch die Komplexität der wissenschaftlichen Grundlagen der Forschung zum Klimawandel in der breiten Bevölkerung zweitrangig. Großes Bewusstsein ist aber nicht gleichbedeutend mit einer großen Eigeninitiative bei der Verwirklichung von Klimaschutzmaßnahmen oder ihrer Akzeptanz. Der Aspekt der Kostenersparnis ist für viele deutsche Bürger eine Hauptmotivation bei der Umsetzung der von ihnen genannten Klimaschutzmaßnahmen wie „Energie sparen" oder „Mülltrennung".

Zudem haben Umfragen ergeben, dass es erhebliche Defizite über Basiswissen zum Klimawandel und das Wissen darum, was jeder zum Klimaschutz beitragen kann, gibt. Auch bei Kindern und Jugendlichen wurde ein Mangel an Frühbildung zum Thema Klimawandel an Schulen festgestellt. Für ein seit langen Jahren gesellschaftlich relevantes Thema mit steigender Bedeutung für jeden Einzelnen (z.B. im Rahmen des Integrierten Energie- und Klimaschutzprogramms – IEKP) ist dies kaum verständlich. Diese Defizite würden durch eine *verstärkte Integration des Themas Klimawandel in der Schulbildung* verringert werden können. Diese Maßnahme in Richtung eines basisinformierten Bürgers könnte perspektivisch eine kritische Auseinandersetzung mit klimaskeptischen Einflüssen erhöhen und einen Baustein für eine bessere Akzeptanz von Maßnahmen zum Klimaschutz bilden. Denn Klimaskepsis kann dort gute Wachstumsbedingungen finden, wo

- die eigene Erlebniswelt mit alarmistischen Prognosen nicht zusammentrifft,
- die finanzielle Belastung im Rahmen von Klimaschutzmaßnahmen als zu hoch empfunden wird und
- Klimaschutztechnologien als unsicher, einengend oder unästhetisch empfunden werden.

Für künftige Klimaschutzmaßnahmen wäre es vorteilhaft, zielgruppengerechte und kohärente Strategien zur Einbeziehung wichtiger Akteure sowie spezifische Kommunikationsstrategien für einzelne Maßnahmen zu entwickeln. Dass dies ein wesentlicher Baustein zur Akzeptanz von Klimaschutzmaßnahmen sein kann, haben bspw. die missglückte Einführung des Kraftstoffs E10 oder die Kontroverse über die Regelungen zur Gebäudesanierung/Wärmedämmung gezeigt.

4.3. An die Wissenschaft

Empfehlung 6: Sich wissenschaftlichen Debatten mit Klimaskeptikern im wissenschaftlichen Rahmen stellen

Das Instrument des Forschungskolloquiums ist ein überschaubarer zeitlicher Rahmen, um Forschungsergebnisse von verschiedenen Seiten zu beleuchten. Es bietet der wissenschaftlichen Auseinandersetzung eine geeignete Plattform. Auch wenn der Erkenntnisgewinn hier vielleicht nicht im Vordergrund steht, so bietet dieses Instrument doch die Gelegenheit, die überschaubare Klimaskeptikerszene in Deutschland kennen- und einschätzen zu lernen. Weiterhin bietet es die Gelegenheit, die Debatte ein Stück weit in seriöse Bahnen zu lenken und an die wissenschaftliche Integrität der Beteiligten zu appellieren. Die bei den Vertretern des anthropogenen Klimawandels zu Recht abgelehnte öffentliche Auseinandersetzung kann damit umgangen werden. Trotzdem wird eine Offenheit gegenüber Andersdenkenden aus dem Wissenschaftsbereich gelebt. Im Sinne einer Best Practice sollten allerdings minimale Regeln aufgestellt werden. So sollte sich die Auseinandersetzung am rein Wissenschaftlichen orientieren und es sollten

– keine vergangenen Vorkommnisse aufgewärmt werden;
– jegliche persönlichen Kommentare außerhalb des Wissenschaftsbereichs ebenso wie Diffamierungen jeglicher Art – auch gegenüber nicht Anwesenden – nicht toleriert werden;
– Presse, Bild- und Tonaufnahmen ausgeschlossen werden.

Bei einer provokanten Äußerung, die Klimaforschung scheue einen wissenschaftlichen Austausch, ist der Vorschlag eines solchen nicht öffentlichen Kolloquiums eine durchaus adäquate Antwortlösung. Jeder Versuch seitens der Klimaskeptiker oder interessierter Presse, daraus ein Medienspektakel zu machen, sollte dabei bereits im Ansatz unterbunden werden. Ob und inwieweit sich dann die Klimaskeptiker, die die Öffentlichkeit suchen, außerhalb des Veranstaltungsortes des Kolloquiums daran halten, liegt allerdings außerhalb der Kontrolle.[174] Es ist davon auszugehen, dass das wissenschaftliche Niveau sehr unterschiedlich ist. Es ist daher sinnvoll, derartige Forschungskolloquien in moderaten Zeitabständen von zwei bis drei Jahren durchzuführen.

Die (natur)wissenschaftliche Auseinandersetzung mit anerkannten Klimaforschern, die den Klimaskeptiker zugerechnet werden können, aber auch die Förderung aller Denkrichtungen bei Nachwuchsforschern sind auch weiterhin empfehlenswert. Nicht nur, da dies zu den Grundprinzipien von Wissenschaft gehört, sondern auch um dem Vorwurf, andere Meinungen nicht zuzulassen oder gar zu unterdrücken, zu begegnen.

Empfehlung 7: Zielgerichtete Wissenschaftskommunikation

Glaubwürdigkeit in der Wissenschaft hängt eng mit einer adäquaten Kommunikation nicht nur von Ergebnissen, sondern auch in Krisensituationen zusammen. Empfohlen wird die Umsetzung von Maßnahmen zu den Themen „Umgang mit klimaskeptischen Fragestellungen und Klimaskeptikern", „Wirken gegen alarmistische Berichterstattung" sowie „Krisenkommunikation".

Die Medien nehmen die zentrale Rolle bei der Wissenschaftskommunikation ein. Viele Wissenschaftler beschweren sich über den Umgang der Medien mit Informationen und klagen „Übersetzungsfehler" an. Das Verständnis für die z.T. unterschiedlichen Bedürfnisse von Wissenschaft und Medien in der Kommunikation sollte geschärft werden. Der Eindruck von Katastrophenszenarien alarmistischer Prognosen in den Medien ist in den Köpfen noch präsent. Die Gefahr dieses Alarmismus liegt in der Abstumpfung oder Rückwirkung auf die Glaubwürdigkeit der Wissenschaft, vor allem dann, wenn die individuell erlebte Realität nicht stimmig ist (bspw. längere Winter). Ein Hinwirken auf eine „sachliche Tonart ohne Alarmismus" der Wissenschaftskommunikation bzw. der Berichterstattung der Medien ist empfehlenswert.

In vielen gesellschaftlichen Bereichen sind Medientrainings ein übliches und gutes Übungsterrain für Personen, die im Medieninteresse stehen. Die Glaubwürdigkeit des Absenders und der Botschaft stehen dabei im Mittelpunkt des Trainings. Die Inhalte der Medientrainings sind durch den Auftraggeber beeinflussbar. Daher sollten die in der Wissenschaft schon üblichen Medientrainings gezielt um den Punkt Klimaskepsis erweitert werden. Dies könnte bspw. den

---

174 Bei einem von einem Forschungsinstitut veranstalteten Kolloquium mit EIKE-Vertretern hatten diese ohne Absprache und Ankündigung eine nachfolgende externe Pressekonferenz einberufen. Solche im Wissenschaftsbereich ungewöhnlichen Schritte sollten einkalkuliert und ggfs. geprüft werden.

Punkt „Wie gehe ich mit klimaskeptischen Fragestellungen um?" beinhalten, um Überraschungsmomente in einer Interviewsituation, Diskussionsrunde o.ä. Veranstaltungen zu vermeiden. Der Aufbau dieser (vorsorglichen) Medienkompetenz empfiehlt sich insbesondere für die Leitungsebene, für Wissenschaftler, die häufig mit Medien zu tun haben, und die Mitarbeiter der Öffentlichkeitsarbeit von Einrichtungen der Klimaforschung.

Es hat sich gezeigt, dass nationale Medien zu den Vorwürfen an den IPCC in erster Linie auch die naheliegenden Wissenschaftler im eigenen Land befragten. Eine IPCC-Debatte ist immer auch eine nationale Debatte. In Krisensituationen empfiehlt sich eine Geschlossenheit der deutschen Klimaforschung – unter Berücksichtigung der wissenschaftlichen Vielfalt – zumindest in Form eines gemeinsam kommunizierten Minimalkonsens.

Eine weitere Maßnahme, die einen solchen Minimalkonsens bedeutet, könnte die institutsübergreifende Nutzung der Frequently Asked Questions (FAQ) aus dem 4. Sachstandsbericht des IPCC sein. Derzeit arbeitet die deutsche IPCC-Koordinierungsstelle des BMU/BMBF bereits gemeinsam mit dem Deutschen Klima-Konsortium an dieser Übersetzung. Die FAQ vermitteln anschaulich den wissenschaftlichen Sachstand. Wesentlichen Argumenten der Klimaskeptiker kann damit begegnet werden. Auch die immer wiederkehrenden Fragen und Einschätzungen zum Verständnis von Wetter und Klima sollten seitens der Klimaforschung durch eine wenn möglich konsensuale Erläuterung beantwortet werden.

5. Zusammenfassung

Die Glaubwürdigkeit der deutschen Klimaforschung ist hoch. Klimaskepsis spielt in Deutschland nur eine marginale Rolle in der Wissenschaft, der Politik, den Medien und dem Bewusstsein der Öffentlichkeit. Argumente und Arbeitsweisen von Klimaskeptikern gleichen sich weltweit. Für den größten Teil der Klimaskeptiker steht die Sonne als Verursacher der derzeitigen Erwärmung fest. Sie sprechen dem Zwischenstaatlichen Ausschuss für Klimaänderungen (IPCC) als Organisation und den Ergebnissen seiner Berichte die Glaubwürdigkeit ab. Als nicht fundiert, zu unsicher, übertrieben oder nur dem wissenschaftlichen Selbstzweck sowie dessen Finanzierung dienend bezeichnen die Klimaskeptiker die wissenschaftlichen Erkenntnisse. Dabei werden oft naturwissenschaftliche Argumente mit z.T. diffamierenden Äußerungen zu Einzelpersonen, Gruppen von Personen oder Organisationen aus Wissenschaft und Politik gemischt. Eine fachliche und sachliche Diskussion wird dadurch erschwert.

Die Abwesenheit von Sachlichkeit bei gleichzeitiger Anwesenheit von Polemik und vielen in der Fachwelt nicht anerkannten (pseudo)wissenschaftlichen oder nicht mehr dem Kenntnisstand entsprechenden Argumenten zeichnet die Mehrheit der Klimaskeptiker aus. Klimaskepsis ist fast ausschließlich im konservativ-liberalen Umfeld zu finden. Dies gilt insbesondere für die USA, dem Heimatland der Klimaskeptiker. In Deutschland ist eine offene Klimaskepsis in der Politik selten. Allerdings bietet die „Umweltkultur" der deutschen Bevölkerung Politikern dafür auch wenig Spielraum.

Scharfe Kritik an der Klimaforschung gibt es in deutschen Medien dagegen häufiger. Sie macht bis zu 13% (Spiegel Online) der gesamten Klimaberichterstattung aus. Diese kritischen Äußerungen zur Klimaforschung häufen sich um die Zeitpunkte des Bekanntwerdens von Vorwürfen über Fehler und Kontroversen um die IPCC-Sachstandsberichte. Hier geht es jedoch nicht wie bei den Klimaskeptikern um das Infragestellen des anthropogenen Klimawandels. Die Kritik betrifft vielmehr die Verfahren, Prozesse, Fehler und Kommunikation des IPCC im Zusammenhang mit den Sachstandsberichten. Kritik am IPCC fällt immer auch auf die deutsche Klimaforschung zurück, da nationale Institute und ihre Wissenschaftler erster Ansprechpartner der deutschen Medien sind. Die Glaubwürdigkeit der deutschen Klimaforschung ist somit eng mit der Glaubwürdigkeit des IPCC verwoben. Politik und Wissenschaft sollten daher gleichermaßen im IPCC darauf hinwirken, dass Kritikpunkte aus dem Weg geräumt und begonnene Reformen konsequent verwirklicht werden, um sich dadurch in Zukunft weniger angreifbar zu machen.

Den weitaus größten Teil der kritischen Berichterstattung nimmt die Auseinandersetzung mit Klimaschutzmaßnahmen ein, die über 20% (FAZ online) der gesamten Klimaberichterstattung betragen kann. Die Medienanalyse als auch verschiedene Umfragen zum Klimabewusstsein in Deutschland offenbaren, dass es neben der Glaubwürdigkeit des IPCC mit den Maßnahmen zum Klimaschutz eine zweite Achillesferse für Klimaforschung und -politik gibt. Das Klimabewusstsein ist nach Umfrageergebnissen unter den Deutschen ausgeprägter als die Akzeptanz von Klimaschutzmaßnahmen. Insbesondere kostenintensive Maßnahmen, die vom Bürger getragen werden sollen (bspw. Wärmedämmung), und technologische Maßnahmen (bspw. Abscheidung und Speicherung von Kohlendioxid – CCS) stoßen zunehmend auf Widerstand in der Bevölkerung. Zusammengenommen können Zweifel an der Glaubwürdigkeit des IPCC und Widerstand gegenüber Klimaschutzmaßnahmen einen guten Nährboden für Klimaskepsis in der Bevölkerung ergeben. Daher sollte die Politik sozialwissenschaftliche Aspekte stärker mit in die Planungen von Klimaschutzmaßnahmen einbeziehen und spezifische Kommunikations- und Integrationsstrategien entwickeln.

Glaubwürdigkeit in der Wissenschaft hängt eng mit einer adäquaten Kommunikation nicht nur von Ergebnissen frei von alarmistischen Botschaften, sondern auch in Krisensituationen zusammen. Die Kommission zur Reform des IPCC hat 2010 aufgezeigt, dass der IPCC Kontroversen um Teile seine Sachstandsberichte durch inadäquate Kommunikation verstärkt hat. Trotz der Umsetzung von Reformen wird der IPCC auch in Zukunft Fehler nicht ausschließen können, dazu ist der Umfang der IPCC-Berichte zu groß. Da die deutschen Forschungsorganisationen erste Ansprechpartner vor Ort sind, ist ein Minimalkonsens der deutschen Klimaforschung in „Krisensituationen" empfehlenswert, um keine Zweifel an wesentlichen inhaltlichen Botschaften aufkommen zu lassen.

In Deutschland gibt es, bis auf eine bisher einmalige Ausnahme, keinen Naturwissenschaftler, dessen klimaskeptische Arbeit erfolgreich den Begutachtungsprozess (Peer-Review) durchlaufen hat und in einer anerkannten Fachzeitschrift publiziert wurde. Eine solche Veröffentlichung setzt i.d.R. eine hohe Forschungsqualität voraus. Das legt die Vermutung nahe, dass es klimaskeptischen Wissenschaftlern in Deutschland an der Qualität ihrer dazu relevanten Forschung mangelt. Das Argument, dass eine Verschwörung gegen Klimaskeptiker daran schuld sei, greift nicht. Klimaskeptische Naturwissenschaftler in anderen Ländern der Welt sind Teil der wissenschaftlichen Kontroverse, ihre Ergebnisse finden Eingang in wissenschaftliche Journale.

Eine organisierte und aktive Klimaskepsis wird in Deutschland nur über das Europäische Institut für Energie und Klima (EIKE) vertreten. EIKE stellt den anthropogenen Klimawandel und dafür stellvertretend den IPCC und seine Ergebnisse infrage. Darüber hinaus greift die Organisation Klimaschutzmaßnahmen als unnötig und überzogen an. Der Einfluss von EIKE auf Medien, Politik und die breite Bevölkerung ist jedoch gering. Ein Spiegelbild der Glaubwürdigkeit deutscher Klimaskeptiker zeigt auch die Analyse der Online-Medien von FAZ, Spiegel, Welt und Handelsblatt zwischen Januar 2010 und März 2011. Der Anteil klimaskeptischer Berichterstattung an der gesamten Klimaberichterstattung spielt bis auf wenige Ausnahmen (am höchsten mit 5,1% in der Welt) kaum eine Rolle.

Von einer organisierten Auseinandersetzung mit Klimaskeptikern im öffentlichen Raum ist in Deutschland abzuraten. Seriösen Wissenschaftlern unter den Klimaskeptikern bieten sich die Möglichkeiten des Wissenschaftssystems zur Begutachtung und Veröffentlichung qualitativer und sachlicher Argumente. Eine von den deutschen Klimaskeptikern immer wieder geforderte Auseinandersetzung von Wissenschaft im öffentlichen Raum kann bei Laien zur Verwirrung führen. Für Laien ist der wissenschaftliche Teil der Auseinandersetzung zwischen Vertretern des anthropogenen Klimawandels und Klimaskeptikern nicht verständlich. Aufgrund der Verwendung der gleichen Fachsprache entsteht zwangsläufig der Eindruck, es stünden sich hier Ebenbürtige gegenüber. Eine öffentliche Debatte birgt darüber hinaus die Gefahr, klimaskeptischen Argumenten einen größeren Raum und Öffentlichkeit einzuräumen, ohne dass ein Erkenntnisnutzen, aber der verständliche Wunsch des Laien nach einem einfachen „richtig" oder „falsch" entsteht. Gleichzeitig aber wird mit einer öffentlichen Debatte die Öffentlichkeit unnötig alarmiert, denn der Schluss liegt nahe, dass sich renommierte Wissenschaftler dann einer öffentliche Debatte stellen, wenn auch die andere Seite „auf Augenhöhe" argumentiert und beide Seiten berechtigte und fundierte Argumente einbringen. Da diese Argumente inhaltlich letztendlich gar nicht verstanden werden, werden sie rasch zur Erschöpfung der Aufnahmekapazität beim Laienpublikum führen. Als Ergebnis ist Zweifel gesät, aber Erkenntnis nicht gewonnen.

Stattdessen sollte seitens der Wissenschaft überlegt werden, alle zwei bis drei Jahre ein Forschungskolloquium mit naturwissenschaftlichen Klimaskeptikern in Deutschland durchzuführen. Zwar ist dies aufgrund möglicher wissenschaftlicher Niveauunterschiede schwierig, bietet aber die Möglichkeit, die Auseinandersetzung ein Stück weit zu versachlichen und sich vor Vorwürfen des „wissenschaftlichen Elfenbeinturms" zu schützen.

Einen weiteren Handlungsbereich hat die Analyse der Umfrageergebnisse an deutschen Schulen ergeben, die einen Mangel an Informationen über den Klimawandel aufzeigt. Auch bei Erwachsenen wurden in Umfragen erhebliche Defizite über Basiswissen zum Klimawandel festgestellt. Diese Defizite würden durch eine verstärkte Auseinandersetzung an Schulen mit dem Thema Klimawandel insbesondere für die heranwachsende Generation verringert werden können. Diese Maßnahme in Richtung eines basisinformierten Bürgers könnte perspektivisch die Akzeptanz von Maßnahmen zum Klimaschutz und die kritische Auseinandersetzung mit klimaskeptischen Einflüssen erhöhen. Eine (auch fachlich zu begrüßende) breitere Aufstellung und Verankerung des Forschungsgebietes Klima in sozioökonomischen Forschungsdisziplinen könnte eine solche Entwicklung ebenso unterstützen. Handlungsbedarf besteht auch bei der Vermittlung des Verständnisses von Wissenschaft als Prozess und nicht als Lieferant endgültiger Wahrheiten.

Zusammenfassend lauten die Handlungsempfehlungen:
Empfehlungen an Politik und Wissenschaft

(1) IAC-Empfehlungen nicht verwässern
(2) Wissenschaftliche Debatten im wissenschaftlichen Rahmen belassen
(3) Mehr Interdisziplinarität
(4) Lehre eines differenzierteren Verständnisses von Wissenschaft

Empfehlung an die Politik

(5) Die Akzeptanz von Klimaschutzmaßnahmen durch bessere Vermittlung von Wissen und Kommunikation unterstützen

Empfehlungen an die Wissenschaft

(6) Sich wissenschaftlichen Debatten mit Klimaskeptikern im wissenschaftlichen Rahmen stellen
(7) Zielgerichtete Wissenschaftskommunikation

Literaturverzeichnis

Altrichter, Christian, Diplomarbeit: 10 Jahre nach Kyoto – welche Rolle spielen die USA in den internationalen Klimaverhandlungen?, GRIN Verlag 2008, S. 21

Antos, Gerd und Gogolok, Kristin in Weitze, Marc-Denis und Liebert, Wolf-Andreas (Hrsg.): Kontoversen als Schlüssel zur Wissenschaft. Wissenskulturen in sprachlicher Interaktion, transcript Verlag, Bielefeld 2006, S. 115, S. 121, S. 123ff.

Aretin, Kerstin von und Wess, Günther: Wissenschaft erfolgreich kommunizieren, WILEY-VCH Verlag GmbH & Co KGaA, Weinheim 2005, S. 6

Bachmann Hartmut, Internetseite „Klimaüberraschung. Fakten zur Fabrikation der Klimakatastrophe gesammelt von Hartmut Bachmann", abrufbar unter http://www.klimaueberraschung.de/show.php?id=15 (3.4.2011)

Balling, Robert: The Increase in Global Temperature: What it Does and Does Not Tell Us, in: Marshall Institute Policy Outlook, September 2003, S. 1

Bartsch, Christian u.a. in der FAZ: Die „Klimaskeptiker" antworten. Wir müssen Urängste relativieren, 5.9.2007, Nr. 206, S. 35

BBC News am 5.12.2009 unter http://news.bbc.co.uk/2/hi/8387737.stm (30.12.2010) BBC News vom 16.8.2004: Climate legacy of hockey stick" unter http://news.bbc.co.uk/2/hi/3569604.stm (30.1.2011)

Beck, Ernst Georg, Vortrag „Klimaforschung. Anspruch und Wirklichkeit" zur Veranstaltung des „Instituts für unternehmerische Freiheit", ohne Datum, Veranstaltung http://video.google.com/videoplay?docid=-5798645226799011502# (6.3.2011)

Beck, Silke: Das Klimaexperiment und der IPCC, Metropolis-Verlag für Ökonomie, Gesellschaft und Politik GmbH, Marburg 2009, S. 13, S. 153

Beck, Silke in Aus Politik und Zeitgeschichte, 32–33/2010, Beilage zur Wochenzeitung Das Parlament vom 9.8.2010: Zur Glaubwürdigkeit in der Klimaforschung, S. 20, S. 21

Beck, Ulrich: Risikogesellschaft. Auf dem Weg in eine andere Moderne, Suhrkamp, Frankfurt/M. 1986

Birger, Jon in einem Artikel über John Christy: What if global-warming fears are over-blown? in CNNMoney am 14.5.2009, abrufbar unter http://money.cnn.com/2009/05/14/magazines/fortune/globalwarming.fortune (13.2.2011)

Blättel-Mink, Birgit: Wirtschaft und Umweltschutz. Grenzen der Integration von Ökonomie und Ökologie, Campus Verlag GmbH 2001, S. 102

Blogs:
  http://www.climate-skeptic.com/
  http://theclimatescepticsparty.blogspot.com/
  „Die Klimazwiebel" unter http://klimazwiebel.blogspot.com/
  „Klimalounge" http://www.wissenslogs.de/wblogs/blog/klimalounge

Blüchel, Kurt G.: „Der Klimaschwindel. Erderwärmung, Treibhauseffekt, Klimawandel – DIE FAKTEN", C. Bertelsmann Verlag, München 2007

BMBF Pressemitteilung: Kalter Winter in Europa stellt Klimawandel nicht in Frage, 022/211 vom 25.2.2011

Böttinger, Helmut auf Youtube, Vortrag „Klimawandel", abrufbar unter http://www.dailymotion.com/video/x908x8_1-azk-dr-helmut-bottinger-klimawand_news (3.4.2011)

Borchert, Horst: Die Globale Wärmeperiode wurde durch Sonnenaktivität verursacht und neigt sich dem Ende zu, 21.11.2009, veröffentlicht unter http://www.eike-klima-energie.eu/uploads/media/Die_Waermeperiode_neigt_sich_dem_Ende_zu_2009_2_01.pdf (11.6.2011)

Calder, Nigel: Die launische Sonne widerlegt Klimatheorien, Dr. Böttiger Verlags GmbH 1997 sowie S. 185

Calder, Nigel und Svensmark, Henrik: Sterne steuern unser Klima, Patmos Verlag, Düsseldorf 2008

Carter, Robert M.: The Futile Quest for Climate Control, in Quadrant magazine, November 2008 – Volume LII Number 451

Carter, Robert M., Biographie, abrufbar unter http://members.iinet.net.au/~glrmc (6.3.2011)

CFACT Europe (The European Committee For A Constructive Tomorrow): http://cfact.eu/ (12.2.2011)

Christy, John: Co-author of Independent Institute report „New Perspectives in Climate Change: What the EPA Isn't Telling Us" criticizing the EPA's 2001 Climate Action Report. Source: Independent Institute report 2003, appeared in Glenn Beck special, May 2, 2007 special „ Exposed: The Climate of Fear"

Climate Action Network Europe: Think globally sabotage locally. How and why European companies are funding climate change deniers and anti-climate legislation voices in the 2010 US Senate race. An investigation by Climate Action Network Europe, Brüssel Oktober 2010

CO_2 Science: Chairman, ohne Autor, ohne Datum abrufbar unter http://www.co2science.org/about/chairman.php (6.2.2011)

Collins, Harry/Pinch, Trevor: Der Golem der Forschung. Wie unsere Wissenschaft die Natur erfindet, Berlin 1999

Courtillot, Vincent, Vortrag im Rahmen der 3. Internationale Energie- und Klimakonferenz, 3./4.12.2010, abrufbar unter Youtube: http://www.youtube.com/watch?v=IG_7zK8ODGA (5.6.2011)

Craig Idso and S. Fred Singer, Climate Change Reconsidered: 2009 Report of the Nongovernmental Panel on Climate Change (NIPCC), Chicago, IL: The Heartland Institute, 2009, S. v, vi

Dernbach, Beatrice und Meyer, Michael: Einleitung: Vertrauen und Glaubwürdigkeit, in: Vertrauen und Glaubwürdigkeit. Interdisziplinäre Perspektiven, VS Verlag für Sozialwissenschaften, Wiesbaden 2005, S. 15

DFG: Sicherung guter wissenschaftlicher Praxis. Empfehlungen der Kommission „Selbstkontrolle in der Wissenschaft", Denkschrift, Weinheim 1998

Deutscher Bundestag, Drucksache 17/3613, Kleine Anfrage der Fraktion BÜNDNIS 90/DIE GRÜNEN: Position der Bundesregierung zur Leugnung des Klimawandels vom 3.11.2010

Deutscher Bundestag: Antwort der Bundesregierung auf die Kleine Anfrage der Fraktion BÜNDNIS 90/DIE GRÜNEN – Drucksache 1736/13 – : Position der Bundesregierung zur Leugnung des Klimawandels, Drucksache 17/3917 vom 22.11.2010

Deutsches Klima-Konsortium und Nationales Komitee für Global Change Forschung und: Offener Brief hinsichtlich der Kritik an den IPCC-Sachstandsberichten vom 31. Mai 2010

Durkin, Martin: „The Great Global Warming Swindle", Sunfilm Entertainment UK 2007 Edwards, Paul N.: A Vast Machine. Computer Models, Climate Data, and the Politics of Global Warming, The MIT Press Cambridge, Massachusetts, London, England 2010, S. 435

EIKE: http://www.eike-klima-energie.eu/news-anzeige/buendnis-90-die-gruenen-fachgespraech-am-18311-das-interesse-am-zweifel-die-strategien-der-sog-klima skeptiker-und-wer-dahintersteht/ (12.2.2011)

EIKE: Aussage von Mojib Latif unter http://www.eike-klima-energie.eu/news-anzeige/konsens-ueber-globale-abkuehlung-gewinnt-an-fahrt-abkuehlung-waehrend-der-naechsten-1-bis-3-jahrzehnte/ (2.6.2011) oder die Aussage „Was es mit den Fähigkeiten zu wissenschaftlicher Arbeit des Prof. Schellnhuber noch so auf sich hat, sehen Sie hier!,, am 26.1.2010 unter http://www.eike-klima-energie.eu/news-anzeige/climategate-20-auch-herr-schelln huber-wusste-von-nichts/?tx_ttnews[cat]=1&tx_ttnews[pS]=1262300400&tx _ttnews[pL]=2678399&tx_ttnews[arc]=1 (2.6.62011)

EIKE: „Weltweite Temperaturmessungen beweisen: Kein anthropogen verursachter Klimawandel! Vom 26.1.2010 unter http://www.eike-klima-ener gie.eu/news-anzeige/climategate-20-auch-herr-schellnhuber-wusste-von-nichts/?tx_ttnews[cat]=1&tx_ttnews[pS]=1262300400&tx_ttnews[pL]=2678399&tx_ttnews[arc]=1 (2.6.2011)

Eurobarometer Spezial 300/Welle 62.2 TNS opinion & social, im Auftrag der EU Kommission und des EU Parlaments: Einstellungen der europäischen Bürger zum Klimawandel", Befragung März–Mai 2008, Veröffentlichung September 2008

European Commission: A Roadmap for moving to a competitive low carbon economy in 2050, COM(2011) 112 final, 8.3.2011

European Science Foundation: European Code of Conduct for Research Integrity, abrufbar unter http://preview.tinyurl.com/2v45u3c (28.12.2010)

Ewi, prognos, gws: Studie. Energieszenarien für ein Energiekonzept der Bundesregierung. Projekt Nr. 12/10, Basel, Köln, Osnabrück 2010, S. 188

FAZ online vom 18.3.2005: Klimaanalyse. Zufall oder Zwangsläufigkeit" (30.1.2011) FAZ „Klima-Gate. Vor dem Gipfel" vom 4.12.2009

FAZ online forum: Bernd Waltheram, 15.4.2011 um 16:32 Uhr zum Artikel „Die Gefahr der Kippelemente" von Anders Levermann am 14.4.2011 oder((was fehlt hier?))

Forsa. Gesellschaft für Sozialforschung und statistische Analysen mbH: Klimawandel und Klimaschutz, Auftraggeber BMU, Erhebungszeitraum 27. Juli bis 3. August 2009

Friis-Christensen, Eigil and Lassen, Knud: Length of the Solar Cycle: An Indicator of Solar Activity Closely Associated with Climate, Science, Vol. 254, pp. 698–700, 1991

Gerlich, Gerhard im Interview von Gerhard Wisnewski, Youtube: hochgeladen am 3.2.2011, abrufbar unter http://www.youtube.com/watch?v=rDUpEKQ3wm8 (5.6.2011)

Grunwald, Armin: Technikfolgenabschätzung – eine Einführung, edition sigma, Berlin 2010, S. 154ff.

Guardian am 9.11.2009 unter http://www.guardian.co.uk/environment/2009/nov/09/india-pachauri-climate-glaciers (30.12.2010)

Gutknecht-Gmeiner, Maria: Externe Evaluierung durch Peer-Review: Qualitätssicherung und Qualitätsentwicklung in der beruflichen Erstausbildung, VS Verlag für Sozialwissenschaft, Wiesbaden 2008, S. 37ff.

Hagenhoff, Svenja: Neue Formen der Wissenschaftskommunikation: Eine Fallstudienuntersuchung, Universitätsverlag Göttingen 2007, S. 6

Homburg, Andreas und Matthies, Ellen: Umweltpsychologie: Umweltkrise, Gesellschaft und Individuum, Juventa Verlag, Weinheim – München 1998, S. 34

Heinrich-Böll-Stiftung, Europäische Union, Brüssel (Hrsg.) : Herausforderung Krise. Was kann Europa?, Brüssel, September 2010, S. 32f.

Heise online am 16.11.2009: Die Klimamüdigkeit breitet sich aus, abrufbar unter http://www.heise.de/tp/blogs/2/146558 (22.05.2011) oder die

Hornbostel, Stefan et al.: Handbuch Wissenschaftspolitik, VS Verlag für Sozialwissenschaften, Wiesbaden 2010, S. 280, s. 288, S. 290

Höttecke, 2001, S. 21 in Weitze, Marc-Denis und Liebert, Wolf-Andreas: Kontoversen als Schlüssel zur Wissenschaft. Wissenskulturen in sprachlicher Interaktion, transcript Verlag, Bielefeld 2006, S. 10f.

IAC, Kommission zur Überprüfung des UN-Weltklimarats (IPCC): IPCC-Berichte zum Klimawandel. Überprüfung der Prozesse und Verfahren des IPCC. Zusammenfassung, 2010, S. 9

International Climate Science Coalition: http://www.climatescienceinternational.org/

IPCC: Organization, ohne Datum abrufbar unter http://www.ipcc.ch/organization/organization.shtml (17.12.2010)

IPCC: bspw. von Richard S. Lindzen in der Arbeitsgruppe 1 im Workshop on „Climate Sensitivity" im Juli 2004, abrufbar unter http://www.ipcc.ch/pdf/supporting-material/ipcc-workshop-paris-july-2004.pdf (S. 29, 101, 137, Stand: 27.2.2011) oder Shaviv und Veizer, gleiche Quelle, S. 29, 101

IPCC: Principles Governing IPCC Work, Approved at the Fourteenth Session (Vienna, 1–3 October 1998) on 1 October 1998, amended at the 21st Session (Vienna, 3 and 6–7 November 2003) and at the 25th Session (Mauritius, 26–28 April 2006)

IPCC: Principles Governing IPCC Work (Approved at the Fourteenth Session in 1998, amended at the 21st Session in 2003 and the 25th Session in 2006), Punkt 2, S. 1 IPCC, http://www.ipcc.ch/organization/organization.shtml (17.12.2010) sowie Principles Governing IPCC Work, Punkt 1., approved at the 14th Session in 1998, amended at the 21st Session in 2003 and the 25th Session in 2006

IPCC: Klimaänderung 2007: Synthesebericht, Zusammenfassung für politische Entscheidungsträger, 2007, S. 2, 6

IPCC, 2007: Climate Change 2007: The Physical Science Basis. Contribution of Working Group I to the Fourth Assessment Report of the Intergovernmental Panel on Climate Change [Solomon, S., D. Qin, M. Manning, Z. Chen, M. Marquis, K.B. Averyt, M.Tignor and H.L. Miller (eds.)]. Cambridge University Press, Cambridge, United Kingdom and New York, NY, USA.

IPCC Fourth Assessment Report: Contribution of Working Group II to the Fourth Assessment Report of the Intergovernmental Panel on Climate Change, 2007, Kapitel 10, S. 493

IPCC: Decisions taken by the Panel at its 32nd Session With regards to the Recommendations resulting from the Review of the IPCC Processes and Procedures by the InterAcademy Council (IAC) Busan, Republic of Korea, 11–14 October 2010

IPCC: Liste der Autoren des AR 5: http://www.ipcc.ch/pdf/ar5/ar5_authors_review_editors_updated.pdf (Stand 16.4.2011)

Jacques, Peter J., Riley E. Dunlap und Mark Freeman, The Organisation of Denial: Conservative Think Tanks and Environmental Scepticism. In: Environmental Politics Vol. 17/3, 2008: 349–385.

Jasanoff, Sheila: Testing Time for Climate Science, in Science: 328 (2010) 5979, S. 695f. zitiert von Beck, Silke in Aus Politik und Zeitgeschichte, 32–33/2010, Beilage zur Wochenzeitung Das Parlament vom 9.8.2010: Zur Glaubwürdigkeit in der Klimaforschung, S. 21

Karlsruher Institut für Technologie: http://www.kit.edu/downloads/K_OBP_XX_RI_01_05-10.pdf (22.5.2011).

Kieser, Alfred „Die Tonnenideologie der Forschung" in der Frankfurter Allgemeinen Zeitung unter www.faz.net/s/RubC3FFBF288EDC421F93E22EFA74003C4D/Doc~ED5E7527973EA4B74B5E19FE87A150C02~ATpl~Ecommon~Scontent.html vom 11.6.2010 zu finden (Abruf: 19.2.2011)

Krahmer, Holger, Peiser Benny und Nyilas, Arman: „Unbequeme Wahrheiten über die Klimapolitik und ihre wissenschaftlichen Grundlagen. Anregungen für neue liberale Ansätze" von 2010

Krauss, Werner am 31.1.2011 im Blog-Spot „Die Klimazwiebel": Reconciliation in the Climate Debate, http://klimazwiebel.blogspot.com/2011/01/reconciliation-in-climate-debate.html

Krott, Max und Suda, Michael: Macht Wissenschaft Politik? Erfahrungen wissenschaftlicher Beratung im Politikfeld Wald und Umwelt, VS Verlag für Sozialwissenschaften, Wiesbaden 2007, S. 60, S. 150

Kueter, Jeff: Marshall Institute Debunks UCS Report, in: The Heartland Institute: abrufbar unter http://www.heartland.org/healthpolicy-news.org/article/20445/Marshall_Institute_Debunks_UCS_Report.html vom 1.3.2007 (27.2.2011)

Leake, Jonathan: The great climate change science scandal, Sunday Times vom 29.11.2009, abrufbar unter http://www.timesonline.co.uk/tol/news/environment/article6936289.ece (2.6.2011)

Lemke, Peter, Coordinating Lead Author (CLA) im 4. Sachstandsbericht sowie im 5. Sachstandsbericht, 14.2.2010

Lemke, Peter, Coordinating Lead Author für den 4. und 5. Sachstandsbericht des IPCC, Alfred-Wegener-Institut für Polar- und Meeresforschung, 12.3.2011

Limburg, Michael im Interview mit tv.berlin, abrufbar unter http://www.youtube.com/watch?v=ZQCrEej3SVQ (6.3.2011) sowie Mitunterzeichner des Offenen Briefes an Bundeskanzlerin Merkel vom 27.7.2009 abrufbar unter http://www.deutschlandwoche.de/wp-content/uploads/2010/04/Offener-Brief-Merkel-klimawandel-17.7.09.pdf (6.3.2011)

Lindzen, Richard S. im Sachstandsbericht der Arbeitsgruppe 1 (hier: Kapitel 8, abrufbar unter http://www.ipcc.ch/pdf/assessment-report/ar4/wg1/ar4-wg1-chapter8.pdf bspw. auf den S. 633, 636), 2007

Lindzen, Richard S. in Die Weltwoche, Interview: Ich hoffe, das hört bald auf. 28.3.2007, Ausgabe 13/07

Link, Rainer: Fakten zum Klimawandel. Eine kritische Betrachtung, Vortrag an der IHK Wien, Mai 2010

Lossau, Norbert: Warum die Deutschen sich dem Klimawandel verweigern, in: Welt online vom 28.3.2010, abrufbar unter http://www.welt.de/debatte/kommentare/article6962480/Warum-Deutsche-sich-dem-Klimaalarm-verweigern.html (6.2.2011)

Lüdecke, Horst-Joachim: Replik auf die Kritik des Buches: CO_2 und Klimaschutz, Fakten, Irrtümer, Politik, Bouvier-Verlag, 2008 auf dem WissensBlog von Dr. Urs Neu, abrufbar unter http://www.schmanck.de/Antwort_Neu_Kritik.pdf (20.12.2010)

Lüdecke, Horst-Joachim, Vortrag im Rahmen der 2. Internationalen Klimakonferenz von EIKE im Dezember 2009 in Berlin, abrufbar unter http://www.youtube.com/watch?v=nd-DkY3s8Pg&feature=related (25.4.2011)

Lüdecke, Horst Joachim: CO_2 und Klimaschutz. Fakten. Irrtümer. Politik (ClimateGate), 3. aktualisierte Auflage, Bouvier Verlag, Bonn 2010

Maderthaner, Rainer: Psychologie, Facultas Verlags- und Buchhandels AG, Wien 2008, S. 43, S. 346

Malberg, Horst, Beiträge zur Berliner Wetterkarte: Die unruhige Sonne und der Klimawandel, Verein BERLINER WETTERKARTE e.V. (Hrsg.), 7.5.2008

Marshall Institute: http://www.marshall.org/category.php?id=13 (27.2.2011)

Maxeiner, Dirk: Unbequeme Wahrheiten, in: Cicero Magazin für politische Kultur, Ausgabe Juni 2007

Mayr, Christoph in Erklärungshilfen zur Entwicklung der internationalen Klimapolitik, Igel Verlag 2009, S. 108

McCartney, Paul in THE SUN, Exklusiv-Interview mit Paul: I like Obama ... and he's right to have a go at us for polluting his country", 24.6.2010

McIntyre, Stephen und McKitrick, Ross: CORRECTIONS TO THE MANN et al. (1998) PROXY DATA BASE AND NORTHERN HEMISPHERIC AVERAGE TEMPERATURE SERIES, in: Energy & Environment, Volume 14, Number 6, 2003

Meyer, Cordula in Spiegel Online: Die Wissenschaft als Feind, 4.10.2010, abrufbar unter http://www.spiegel.de/spiegel/0,1518,721168-3,00.html (13.3.2011)

Meyer, Michael: Vertrauen und Glaubwürdigkeit: interdisziplinäre Perspektiven, VS Verlag für Sozialwissenschaften, Wiesbaden 2005, S. 19

Miersch, Michael und Maxeiner, Dirk auf ihrer Internetseite, Standpunkte zum Thema Klima, abrufbar unter http://www.maxeiner-miersch.de/standp2003-08-06a.htm (25.4.2011)

Motl, Luboš: Herr Schellnhuber has a master plan, abrufbar unter http://motls.blogspot.com/2011/03/herr-schellnhuber-has-master-plan.html (11.6.2011)

National Science Foundation, NSF: Grant Policy Manual. Part 689-Research Misconduct, July 2002, S. 237f.

Newport, Frank: Americans Global Warming Concerns Continue to Drop, http://www.gallup.com/poll/126560/americans-global-warming-concerns-continue-drop.aspx 20.11.2010 (abgerufen am 24.4.2011)

NIPCC: http://www.nipccreport.org/about/about.html (6.2.2011)

Nongovernmental Panel on Climate Change (NIPCC): About the NIPCC, ohne Datum, abrufbar unter http://www.nipccreport.org/about/about.html (6.2.2011)

Nuthall, Tim, European Climate Foundation, Aussage im Rahmen eines Fachgesprächs zur Veranstaltung „Strategien der sog. Klimaskeptiker und wer dahintersteht" des Bündnis 90/Die Grünen am 10.6.2011 im Deutschen Bundestag

Nyilas, Arman, Internetseite http://www.nyilas-arman.de/ (5.6.2011)

Oreskes, Naomi und Conway, Erik M.: Merchants of Doubt, Bloomsbury Press, New York 2010, S. 186ff.

Peiser, Benny J.: Das dunkle Zeitalter Olympias: kritische Untersuchung der historischen, archäologischen und naturgeschichtlichen Probleme der griechischen Achsenzeit am Beispiel der antiken Olympischen Spiele, Lang, Frankfurt am Main 1993

Peiser, Benny: Klimamüdigkeit lässt die globale Erwärmung in der Kälte stehen – Dr. Benny Peiser über die abnehmende Sorge vor der globalen Erwärmung in Öffentlichkeit, Politik und Medien, abrufbar unter http://www.eike-klima-energie.eu/klima-anzeige/klimamuedigkeit-laesst-die-globale-erwaermung-in-der-kaelte-stehen-dr-benny-peiser-ueber-die-abnehmende-sorge-vor-der-globalen-erwaermung-in-oeffentlichkeit-politik-und-medien/?tx_ttnews[pointer]=1 o.J. (5.6.2011)

Plehwe, Dieter, Lobby-Control, Vortrag im Rahmen eines Fachgesprächs zur Veranstaltung „Strategien der sog. Klimaskeptiker und wer dahintersteht" des Bündnis 90/Die Grünen am 10.6.2011 im Deutschen Bundestag

Post, Senja und Kepplinger, Hans in Welt online: Die Klimaforscher sind sich längst nicht sicher, 25.9.2007

Post, Senja: Speziell und hochengagiert – Eine Online-Befragung der deutschen Klimaforscher in: Sozialforschung im Internet. Methodologie und Praxis der Online-Befragung, Jackob, Nikolaus et al. (Hrsg.), 2008, S. 264ff.

Potsdam Institut für Klimafolgenforschung unter http://www.pik-potsdam.de/~stefan/leser_antworten.html (25.4.2011)

Pro-Clim-Forum for Climate and Global Change. Forum of the Swiss Academy of Science: Die Argumente der Klimaskeptiker, in: Hintergründe der Klima- und Global Change-Forschung, Nr. 29, November 2010, S. 1, S. 4

Puls, Klaus-Eckart: Klimawandel: Katastrophe ohne Wetter-Signale?, Vortrag im Rahmen einer EIKE Veranstaltung 3. Energie- und Klimakonferenz, 3.–4.12.2010 abrufbar über youtube http://www.youtube.com/watch?v=vZxCywx26i4 (5.6.2011)

Rahmstorf, Stefan in der FAZ: Deutsche Medien betreiben Desinformation, 31.8.2007 Rahmstorf, Stefan: Im Treibhaus, in http://www.pik-potsdam.de/~stefan/taz-essay.html ohne Datum („Dieser Artikel erschien in leicht gekürzter Form in der *tageszeitung* vom 13. September 2003") (27.2.2011)

Renn, Ortwin et al.: Risiko. Über den gesellschaftlichen Umgang mit Unsicherheiten, oekom, München 2007, S. 142ff., S. 170

Renn, Ortwin in: Risk Governance: Coping with Uncertainty. Earthscan, London 2008, S. 82f.

Schnabel, Ulrich: Das Expertendilemma in: Die Zeit, Ausg. 25, abrufbar unter http://www.zeit.de/2000/25/200025.expertendilemma_.xml (16.4.2011)

Schwetz, Hertbert et al. berufen sich dazu auf www.uni-magdeburg.de/ipw/texte/einf-pw/material/wasiswis.html mit Stand 23. Mai 2008 (die jedoch nicht mehr verfügbar ist) in: Einführung in das quantitativ orientierte Forschen und erste Analysen mit SPSS 18, Wien 2010, S. 20

Seitz, Frederick S.: A Major Deception on 'Global Warming' in: Wall Street Journal, New York, June 12, 1996, p. A16f.

SEPP: The Week That Was: 2011-1-29 (January 29, 2011), Brought to You by SEPP (www.SEPP.org) The Science and Environmental Policy Project, abrufbar unter http://www.sepp.org/twtwfiles/2011/TWTW%202011-1-29.pdf (6.2.2011)

Simonis, Georg: Politische Aspekte der Diskussion um den Klimawandel, April 2011, S. 8f. Singer, S. Fred und Avery, Dennis T.: Unstoppable Global

Warming. Every 1,500 Years, Rowman&Littlefield Publishers, Plymouth 2008.
Source Watch, Portal: Climate Change: http://www.sourcewatch.org (25.4.2011)
Spiegel Online Forum: „glaubblosnix" am 17.1.2011 um 07:45 zum Artikel „Klimaforschung: Wetterdaten erklären Geheimnisse der Geschichte" von Axel Bojanowski am 14.1.2011
Spiegel Online: Gletscherpanne empört Umweltminister Röttgen, 23.01.2010, unter www.spiegel.de/wissenschaft/natur/0,1518,673568,00.html (12.3.2011)
Spiegel: „Das schwindende Vertrauen in die Klimaforschung hat möglicherweise auch mit den jüngst bekanntgewordenen Fehlern im Bericht des Weltklimarates IPCC zu tun." vom 27.3.2010
Spiegel Online: Rettet den Weltklimarat! vom 25.1.2010, abrufbar unter www.spiegel.de/wissenschaft/natur/0,1518,673765,00.html (19.3.2011)
Spiegel: „Versöhnung in der Klimadebatte" im Januar 2011 in Lissabon (vgl. http://www.spiegel.de/wissenschaft/natur/0,1518,742612,00.html vom 31.1.2011)
Spiegel Online: Republikaner wollen Mittel für Umweltschutz kappen, www.spiegel.de/wissenschaft/natur/0,1518,744761,00.html (10.2.2011)
Stahnke, Jochen und Wyssuwa, Matthias in FAZ: Climate-Gate, 4.12.2009 oder oder Jonathan Leake in The Sunday Times „The great climate change science scandal" vom 29.11.2009, abrufbar unter http://www.timesonline.co.uk/tol/news/environment/article6936289.ece (12.3.2011)
Storch, Hans von im Interview des ZDF umwelt vom 5.9.2010, das Interview ist abrufbar unter http://www.zdf.de/ZDFmediathek/beitrag/video/1129600/Neues-vom-IPCC#/beitrag/video/1129600/Neues-vom-IPCC (12.3.2011)
Svensmark, Henrik and Friis-Christensen, Eigil: Variation of Cosmic Ray Flux and Global Cloud Coverage – a Missing Link in Solar–Climate Relationships, Journal of Atmospheric and Solar-Terrestrial Physics, Vol. 59, pp. 1225–32, 1997
Teuwsen, Peer interviewt Richard Lindzen: Ich hoffe, das hört bald auf, Weltwoche (CH) Ausgabe 13/06, 2007, abrufbar unter www.weltwoche.ch/artikel/?AssetID=16206&CategoryID=62 (20.12.2010)
The Global Warming Policy Foundation: Who we are, abrufbar unter http://www.thegwpf.org/who-we-are/history-and-mission.html (12.2.2011)
The Heartland Institute: Joseph L. Bast – 2008 Resumé, ohne Datum, abrufbar unter http://www.heartland.org/policybot/results/12825/Joseph_L_Bast_2008_Resum%E9.html (6.2.2011)
The Heartland Institute: http://www.heartland.org/about/seniorfellows.html (20.2.2011)

The Heartland Institute: About, ohne Datum, ohne Autor, abrufbar unter http://www.heartland.org/about/ (6.2.2011)

The Heartland Institute: Jahresbericht 2009: Q: Where do elected officials go to get the information they need?. Redefining Think Tank., o.J., S. 1, unter http://www.heartland.org/about/PDFs/2010Prospectus.pdf (6.2.2011), S. 5, 9, 11ff, 17, 23

Thieme, Heinz: Treibhauseffekt – ein forscher Irrtum, ohne Datum, abrufbar unter http://krahmer.freepage.de/klima/thieme/thieme.html (6.3.2011) sowie

Thieme, Heinz: Treibhauseffekt im Widerspruch zur Thermodynamik und zu Emissionseigenschaften von Gasen, ohne Datum, abrufbar unter http://www.klimaskeptiker.info/index.php?seite=linkliste.php (6.3.2011)

Thüne, Wolfgang: Über den Treibhauseffekt in einer Ansprache an Angela Merkel (CDU) am 9.12.2009 abrufbar unter Youtube http://www.youtube.com/watch?v=qpiw6PzJzic (12.2.2011)

Thuss, Holger, Einführende Worte im Rahmen der 2. EIKE Klimakonferenz 4.12.2009, abrufbar unter http://www.youtube.com/watch?v=iSmMSHUDKy0 (5.6.2011)

Timmons, Heather in The New York Times: Excon accused of deception on climate change – Business – International Herald Tribune, 21.9.2006, abrufbar unter http://www.nytimes.com/2006/09/21/business/worldbusiness/21iht-climate.2889038.html?_r=1 (20.3.2011)

Traufetter, Gerald: Weltklimarat schlampte bei Gletscher-Prognosen, in: Spiegel Online am 19.1.2010 unter http://www.spiegel.de/wissenschaft/natur/0,1518,672709,00.html (30.12.2010)

Umweltbundesamt: Klimaschutz. Häufig gestellte Fragen zum Thema Klimaänderung, abrufbar unter http://www.umweltbundesamt.de/klimaschutz/klimaaenderungen/faq/skeptiker.htm, letzte Änderung 10.8.2010, (abgerufen am 3.4.2011)

Umweltbundesamt: Klimaschutz. Häufig gestellte Fragen. FAQ, abrufbar unter http://www.umweltbundesamt.de/klimaschutz/klimaaenderungen/faq/index.htm, letzte Änderung am 10.8.2010 (abgerufen am 25.4.2011)

Umweltbundesamt: Umweltbewusstsein in Deutschland 2010. Ergebnisse einer repräsentativen Bevölkerungsumfrage, November 2010, S. 41

UK Parliament: www.publications.parliament.uk/pa/cm200910/cmselect/cmsctech/memo/climatedata/uc3202.htm (Abrufdatum 30.1.2011)

Václav, Klaus: Blauer Planet in grünen Fesseln: Was ist bedroht: Klima oder Freiheit?, Gerold, 2007

Václav, Klaus at the Inaugural Annual GWPF Lecture: The Climate Change Doctrine is Part of Environmentalism, Not of Science, Royal Society of Arts, 19.10.2010

Vahrenholt, Fritz: Die kalte Sonne, Welt online am 22.12.2010, abrufbar unter http://www.welt.de/print/die_welt/debatte/article11776605/Die-kalte-Sonne.html (25.04.2011)

Veizer, Jan: Climate Change isn't settled, in: The Australian vom 24.4.2009 abrufbar unter http://www.theaustralian.com.au/news/opinion/climate-change-science-isnt-settled/story-e6frg6zo-1225702894631 (5.6.2011)

Weber, Melanie: Alltagsbilder des Klimawandels. Zum Klimabewusstsein in Deutschland, VS Verlag für Sozialwissenschaften, Wiesbaden 2008, S. 23, S. 59, S. 86

Weber, Thomas in FAZ online: Roh die Daten, doch trickreich die Modelle, vom 6.2.2011, abrufbar unter http://www.faz.net/artikel/C30405/klimaforschung-roh-die-daten-doch-trickreich-die-modelle-30326620.html (25.4.2011)

Weber, Werner: Globaler Klimawandel: Treibt der Mensch – oder doch die Sonne?, Gastvortrag an der TU Cottbus am 19.1.2011, abrufbar unter http://www.tu-cottbus.de/btu/pl/universitaet/presse/presseinformationen/einzelansicht.html?tx_ttnews[tt_news]=623&cHash=cf7d0706cfc097daf5a9e0c68927dca2 (5.6.2011)

Weingart, Peter et al.: Von der Hypothese zur Katastrophe. Der anthropogene Klimawandel im Diskurs zwischen Wissenschaft, Politik und Massenmedien, Verlag Barbara Budrich, Opladen & Farmington Hills 2008, S. 45ff., 53f., 61, 64f., 46ff., 71ff., S. 87, 141ff., S. 143, S. 150, S. 151

Weitze, Marc-Denis und Liebert, Wolf-Andreas: Kontoversen als Schlüssel zur Wissenschaft. Wissenskulturen in sprachlicher Interaktion, transcript Verlag, Bielefeld 2006, S. 8ff.

Western Fuels Association, Inc.: Links, abrufbar unter http://www.westernfuels.org/links.cfm (6.2.2011)

Wikipedia: George C. Marshall Institute abrufbar unter http://en.wikipedia.org/wiki/George_C._Marshall_Institute (27.2.2011)

Wikipedia: David Rothbard abrufbar unter http://en.wikipedia.org/wiki/David_Rothbard (12.2.2011)

Youtube: „Klimaskeptiker Lord Monckton konfrontiert Greenpeaceaktivistin zu Global Warming", Interview mit einem unbekannten Greenpeace-Mitglied, hochgeladen am 16.1.2011 abrufbar unter http://www.youtube.com/watch?v=1s0NTaFEjwQ (6.2.2011)

Zeit online, ohne Autor: Forscher fordern den Rücktritt des Weltklimarat-Chefs, 9.2.2010, abrufbar unter http://www.zeit.de/wissen/umwelt/2010-02/pachauri-ruecktrittsforderung (19.3.2011)

Ohne Namensnennung des Autors, in: Über die Glaubwürdigkeit der Medizinalberichte in peinlichen Rechtshändeln, Berlin bei Haude und Spener, 1780, S. 9

Allgemeine Verweise auf Internetseiten

http://www.climate-sceptic.com (6.2.2011)
http://www.klimaskeptiker.info (6.2.2011)
http://www.peabodyenergy.com/ (6.2.2011)
http://www.skepticalsience.com (6.2.2011)

Anlage I: Analyse Klimaskeptiker weltweit

Tabelle 2: Klimaskeptiker und ihre Argumente weltweit

Name	Funktion	KE	E-NU	SO	QB	F	WG	CO_2	Quelle
1. Bachmann, Hartmut	studierte Aerodynamik und Meteorologie, später Politik (Abschluss?), chem. Unternehmer, geb. 1924, lebt überwiegend in den USA				X	X			„Klimaüberraschung. Fakten zur Fabrikation der Klimakatastrophe gesammelt von Hartmut Bachmann", abrufbar unter http://www.klima-ueberraschung.de/show.php?id=15 (3.1.2011)
2. Beck, Ernst Georg	geb. 1948, gest. 2010 Dipl.-Biologe, Lehrer		X		X	X	X		Vortrag zur Veranstaltung des „Instituts für unternehmerische Freiheit", Veranstaltung Klimaforschung. Anspruch und Wirklichkeit http://video.google.com/videoplay?docid=-579864 5226799011502# (6.3.2011) Ernst Georg Beck tritt im o.g. Video als EIKE assoziiert auf. „Klimaskeptiker bringt Forscher ins Schwitzen" in Welt online vom 29.8.2008.
3. Büchel, Kurt G.	geb. 1934 Journalist und Sachbuchautor		X				X		Blüchel, Kurt G.: „Der Klimaschwindel. Erderwärmung, Treibhauseffekt, Klimawandel – DIE FAKTEN", C. Bertelsmann Verlag München, 2007

Name	Funktion	KE	E-NU	SO	QB	F	WG	CO_2	Quelle
4. Borchert, Horst, Dr./ Dipl. Phys.	Physiker Physikdirektor a.D. ehemaliger Lehrbeauftragter am Geographischen Institut der Johannes Gutenberg-Universität Mainz		X	X					Borchert, Horst: Die Globale Wärmeperiode wurde durch Sonnenaktivität verursacht und neigt sich dem Ende zu, 21.11.2009, veröffentlicht auf http://www.eike-klima-energie.eu/uploads/media/Die_Waerme periode_neigt_sich_dem_Ende_zu_2009 _2_01.pdf (11.6.2011) Es sind keine themenrelevanten Veröffentlichungen in anerkannten Fachzeitschriften o.Ä. (Peer-Review) von Horst Borchert bekannt (vgl. bspw. google scholar).
5. Böttinger, Helmut, Dr.	geb. 1956 Soziologe		X		X	X	X		Helmut Böttinger: Vortrag „Klimawandel", abrufbar unter Youtube http://www.dailymotion.com/video/ x908x8_1-azk-dr-helmut-bottinger-klimawand_news (3.4.2011)
6. Gerlich, Gerhard, Prof. Dr.	geb. 1942 Physiker Institut für Mathematische Physik der Technischen Universität Carolo-Wilhelmina zu Braunschweig				X		X	X	Gerhard Gerlich im Interview von Gerhard Wisnewski, Youtube: hochgeladen am 3.2.2011 http://www.youtube.com/ watch?v=rDUpEKQ3wm8 (5.6.2011) Eine relevante Peer-Review in 2009 (G. Gerlich, R. D. Tscheuschner: Falsification Of The Atmospheric CO_2 Greenhouse Effects Within The Frame Of Physics. International Journal of Modern Physics B, Vol. 23, No. 3 (30 January 2009), 275-364)

Name	Funktion	KE	E-NU	SO	QB	F	WG	CO$_2$	Quelle
7. Kramer, Holger	Instandhaltungsmechaniker, Bankkaufmann MdEP, ALDE, FDP					X	X		Krahmer, Holger, Peiser Benny und Nyilas, Arman: „Unbequeme Wahrheiten über die Klimapolitik und ihre wissenschaftlichen Grundlagen. Anregungen für neue liberale Ansätze" von 2010
8. Maxeiner, Dirk	Autor, Publizist		X					X	Maxeiner, Dirk: Unbequeme Wahrheiten, in: Cicero Magazin für politische Kultur, Ausgabe Juni 2007 Miersch, Michael und Maxeiner, Dirk auf ihrer Internetseite, Standpunkte zum Thema Klima, abrufbar unter http://www.maxeiner-miersch.de/standp2003-08-06a.htm (25.4.2011)
9. Malberg, Horst, Dr. Univ. Prof. a.D.	Diplom-Meteorologe ehem. Direktor des Instituts für Meteorologie der Freien Universität Berlin		X	X					Malberg, Horst: Die unruhige Sonne und der Klimawandel, in :Beiträge zur Berliner Wetterkarte vom 7.5.2008, Verein BERLINER WETTERKARTE e.V. zur Förderung der meteorologischen Wissenschaft (Hrsg.) Die Suche unter „google scholar" ergab keine Hinweise auf peer-reviewte relevante Veröffentlichungen.

Name	Funktion	KE	E-NU	SO	QB	F	WG	CO$_2$	Quelle
10. Limburg, Michael	Dipl.-Ing. Vizepräsident EIKE-Institut	X	X				X	X	Limburg, Michael im Interview mit tv.berlin, abrufbar unter http://www.youtube.com/watch?v=ZQCrEej3SVQ (6.3.2011) sowie Mitunterzeichner des Offenen Briefes an Bundeskanzlerin Merkel vom 27.7.2009 abrufbar unter http://www.deutschland woche.de/wp-content/uploads/2010/04/Offener-Brief-Merkel-klimawandel-17.7.09.pdf (6.3.2011)
11. Varenholt, Fritz, Prof. Dr.	Chemiker CEO RWE Innogy GmbH		X	X			X		Vahrenholt, Fritz: Die kalte Sonne, Essay in: „Die Welt" vom 22.12.2010, abrufbar unter http://www.welt.de/print/die_welt/debatte/article11776605/Die-kalte-Sonne.html (25.4.2011)

Name	Funktion	KE	E-NU	SO	QB	F	WG	CO_2	Quelle
12. Lüdecke, Horst-Joachim, Prof. em. Dr.	geb. 1943, Kernphysiker im Ruhestand ehem. Hochschule für Technik und Wirtschaft des Saarlandes Fachbeirat EIKE	X	X	X	X		X	X	Lüdecke, Horst-Joachim, Vortrag im Rahmen der 2. Internationalen Klimakonferenz von EIKE im Dezember 2009 in Berlin, abrufbar unter http://www.youtube.com/watch?v=nd-DkY3s8Pg&feature=related (25.4.2011)
									Lüdecke, Horst-Joachim: CO_2 und Klimaschutz, Fakten, Irrtümer, Politik, Bouvier-Verlag, Bonn 2008
									Lüdecke, Horst-Joachim: Replik auf die Kritik des Buches: CO_2 und Klimaschutz, Fakten, Irrtümer, Politik, Bouvier-Verlag, Bonn 2008 auf dem WissensBlog von Dr. Urs Neu, abrufbar unter http://www.schmanck.de/Antwort_Neu_Kritik.pdf (20.12.2010)
									Es sind keine themenrelevanten Veröffentlichungen in anerkannten Fachzeitschriften o.Ä. (Peer-Review) von H.-J. Lüdecke bekannt.
13. Miersch, Michael	Publizist, Dokumentarfilmer	X					X		Miersch, Michael und Maxeiner, Dirk auf ihrer Internetseite, Standpunkte zum Thema Klima, abrufbar unter http://www.maxeiner-miersch.de/standp2003-08-06a.htm (25.4.2011)
									Die Welt online vom 19.10.2009: Warum wir das Klima nicht retten müssen

Name	Funktion	KE	E-NU	SO	QB	F	WG	CO$_2$	Quelle
14. Thieme, Heinz	Dipl.-Ing.		X						Thieme, Heinz: Treibhauseffekt – ein forscher Irrtum, ohne Datum, abrufbar unter http://krahmer.freepage.de/klima/thieme/thieme.html (6.3.2011) sowie Thieme, Heinz: Treibhauseffekt im Widerspruch zur Thermodynamik und zu Emissionseigenschaften von Gasen, abrufbar unter http://www.klimaskeptiker.info/index.php?seite=linkliste.php (6.3.2011)
15. Thuss, Holger, Dr.	Geschichtswissenschaftler, Verleger, Präsident des EIKE-Instituts				X	X	X		Thuss, Holger, Einführende Worte im Rahmen der 2. EIKE Klimakonferenz 4.12.2009, abrufbar unter http://www.youtube.com/watch?v=iSmMSHUDKy0 (5.6.2011)

Name	Funktion	KE	E-NU	SO	QB	F	WG	CO$_2$	Quelle
16. Weber, Werner, Prof. Dr., im Ruhestand	Physiker TU Dortmund		X	X			X		Laut der Publikationsliste von Werner Weber http://t2.physik.tu-dortmund.de/en/team/weber/Lispub1.pdf gibt es nur eine einzige Veröffentlichung i.S. Klimaforschung in den „Annalen der Physik", alle sonstigen Veröffentlichungen seit 1969 sind zum Thema theoretische Festkörperphysik (Metalle). W. Weber gibt in seinem CV an, dass er Klimaforschung als „new research activity" nach dem Ruhestand seit 2010 verfolgt. W. Weber vertritt seine Thesen z.B. im Rahmen von Veranstaltungen wie dem Forschungskolloquium in Potsdam im April 2011, im Rahmen eines öffentlichen Fachgesprächs von B' 90/DIE GRÜNEN zum Thema Klimaskeptiker am 10.6.2011 im Deutschen Bundestag in Berlin oder als Gastvortrag an der TU Cottbus am 19.1.2011, abrufbar unter http://www.tu-cottbus.de/btu/pl/universitaet/presse/presseinformationen/einzelansicht.html?tx_ttnews[tt_news]=623&cHash=cf7d0706cfc097daf5a9e0c68927dca2 (5.6.2011)
17. Link, Rainer, Dr.	Physiker		X	X	X	X	X	X	Link, Rainer: Fakten zum Klimawandel. Eine kritische Betrachtung, Vortrag an der IHK Wien, Mai 2010 Es sind keine themenrelevanten Veröffentlichungen in anerkannten Fachzeitschriften o.Ä. (Peer-Review) von R. Link bekannt.

Name	Funktion	KE	E-NU	SO	QB	F	WG	CO$_2$	Quelle
18. Puls, Klaus-Eckart, pensioniert	Diplom-Meteorologe, ehemals Leiter Wetteramt Essen	X		X			X	X	Puls, Klaus-Eckart: Klimawandel: Katastrophe ohne Wetter-Signale?, Vortrag im Rahmen einer EIKE-Veranstaltung 3. Energie- und Klimakonferenz, 3.–4.12.2010 abrufbar über youtube http://www.youtube.com/watch?v=vZxCywx26i4 (5.6.2011) Es sind keine themenrelevanten Veröffentlichungen in anerkannten Fachzeitschriften o.Ä. (Peer-Review) von K-E. Puls bekannt.
19. Peiser, Benny, Dr.	geb. 1957 in Israel, studierte politische Wissenschaften, Anglistik und Sportwissenschaften und promovierte an der Uni FFM, Kulturwissenschaftler an der Fakultät für Sport- und Trainingswissenschaften der John Moores Universität in Liverpool, Geschäftsführer der Global Warming Policy Foundation (GWPF)	X			X	X	X		Peiser, Benny: Klimamüdigkeit lässt die globale Erwärmung in der Kälte stehen – Dr. Benny Peiser über der globalen Erwärmung in Öffentlichkeit, Politik und Medien, abrufbar unter http://www.eike-klima-energie.eu/klima-anzeige/klimamuedigkeit-laesst-die-globale-erwaermung-in-der-kaelte-stehen-dr-benny-peiser-ueber-die-abnehmende-sorge-vor-der-globalen-erwaermung-in-oeffentlichkeit-politik-und-edien/?tx_ttnews[pointer]=1 (5.6.2011)
20. Ballin, Robert C., Dr.	Geograf, Director of the Office of Climatology at Arizona State University		X				X		Ballin, Robert C.: The Increase in Global Temperature: What it Does and Does Not Tell Us, in: George C. Marshall Institute, Policy Outlook, September 2003, S. 1

Name	Funktion	KE	E-NU	SO	QB	F	WG	CO$_2$	Quelle
21. Carter, Robert, Prof.	australischer Geophysiker außerordentl. Prof. Marine Geophysical Laboratory at James Cook University, Queensland und University of Adelaide		X		X		X		Carter, Robert M.: The Futile Quest for Climate Control, in Quadrant magazine, November 2008-Volume LII Number 451 Carter, Robert M., Biographie, abrufbar unter http://members.iinet.net.au/~glrmc (6.3.2011)
22. Courtillot, Vincent, Prof.	französischer Geophysiker, Institut de Physique du Globe, Paris		X	X	X		X	X	Courtillot, Vincent, Vortrag im Rahmen der 3. Internationale Energie- und Klimakonferenz, 3./4.12.2010, abrufbar unter Youtube: http://www.youtube.com/watch?v=IG_7zK8ODGA (5.6.2011)

Name	Funktion	KE	E-NU	SO	QB	F	WG	CO$_2$	Quelle
23. Christy, John, Dr.	amerikanischer Atmosphärenwissenschaftler, Universität Alabama, Direktor des Earth System Science Center		X			X	X	X	Birger, Jon in einem Artikel über John Christy: What if global-warming fears are overblown? in CNNMoney am 14.5.2009, abrufbar unter http://money.cnn.com/2009/05/14/magazines/fortune/globalwarming.fortune (13.2.2011) Testified before Sen. John McCain and the Senate Commerce Committee that there wasn't sufficient evidence of global warming to warrant taking action to reduce emissions. 2000, Source: Transcript, John Christy's testimony before Senate Commerce Committee 5/17/00 Appeared in documentary „The Great Global Warming Swindle", Source: The Great Global Warming Swindle (Documentary), 2007 Co-author of Independent Institute report „New Perspectives in Climate Change: What the EPA Isn't Telling Us" criticizing the EPA's 2001 Climate Action Report. Source: Independent Institute report 2003 Appeared in Glenn Beck special, May 2, 2007 special „Exposed: The Climate of Fear"

Name	Funktion	KE	E-NU	SO	QB	F	WG	CO₂	Quelle
24. Nyilas, Arman, Dr.	Freelance Engineering Consultant, Metallurge und Werkstoffwissenschaftler		X	X	X		X		Krahmer, Holger u.a.: Unbequeme Wahrheiten über die Klimapolitik und ihre wissenschaftlichen Grundlagen. Anregungen für neue liberale Ansätze, von Holger Krahmer MdEP, Co-Autoren Dr. Benny Peiser und Dr. Arman Nyilas, Brüssel 2010 (zum download erhältlich auf der Internetseite des MdEP Holger Krahmer, FDP, unter http://www.holger-krahmer.de/tl_files/userdata/images/publikationen/K-%28Klimabroschur%29-2010.pdf) abgerufen am 5.6.2011. Internetseite von Arman Nyilas http://www.nyilas-arman.de/ (5.6.2011)
25. Eigil Friis-Christensen, Dr.	dänischer Geophysiker und Direktor des dänischen Raumfahrtzentrums		X	X			X		Tritt im Film „The Great Global Warming Swindle" auf Eigil Friis-Christensen and Knud Lassen, ‚Length of the Solar Cycle: An Indicator of Solar Activity Closely Associated with Climate', Science, Vol. 254, pp. 698–700, 1991 Henrik Svensmark and Eigil Friis-Christensen, ‚Variation of Cosmic Ray Flux and Global Cloud Coverage – a Missing Link in Solar-Climate Relationships', Journal of Atmospheric and Solar-Terrestrial Physics, Vol. 59, pp. 1225–32,1997

Name	Funktion	KE	E-NU	SO	QB	F	WG	CO₂	Quelle
26. Calder, Nigel	geb. 1931 britischer Wissenschaftsjournalist		X	X	X	X	X		Tritt im Film „The Great Global Warming Swindle" auf „Die launische Sonne widerlegt Klimatheorien", Dr. Böttiger-Verlags GmbH, 1997 Nigel Calder und Henrik Svensmark: Sterne steuern unser Klima. Eine neue Theorie zur Erderwärmung, Patmos Verlag, Düsseldorf 2008
27. Singer, Fred, Prof. em. Dr.	geb. 1924 in AT, amerikanischer Physiker ehem. Direktor des US National Weather Service		X	X				X	Tritt im Film „The Great Global Warming Swindle" auf Singer, Siegfried Fred und Avery, Dennis T: „Unstoppable global warming: every 1,500 years, Rowman & Littlefield Publishers, Inc., Plymouth 2008
28. Shaviv, Nir	Astrophysiker, Universität Jerusalem		X	X					Tritt im Film „The Great Global Warming Swindle" auf
29. Shikwati, James	Economist and Author				X	X			Tritt im Film „The Great Global Warming Swindle" auf
30. Corbyn, Piers, Dr.	Climate Forecaster, Weather Action		X	X				X	Tritt im Film „The Great Global Warming Swindle" auf
31. Seitz, Frederick, Prof.	Former President of Americas National Academy of Sciences				X				Wird im Film „The Great Global Warming Swindle" erwähnt Seitz, Frederick S.: A Major Deception on 'Global Warming' in: Wall Street Journal, New York, June 12, 1996, p. A16f.

Name	Funktion	KE	E-NU	SO	QB	F	WG	CO$_2$	Quelle
32. Ball, Tim, Prof.	Abteilung Klimatologie, Universität Winnipeg		X				X	X	Tritt im Film „The Great Global Warming Swindle" auf
33. Václav, Klaus	ehem. Präsident der Tschechischen Republik		X	X	X			X	Inaugural Annual GWPF Lecture: The Climate Change Doctrine is Part of Environmentalism, Not of Science, Royal Society of Arts, 19.10.2010 Václav, Klaus: Blauer Planet in grünen Fesseln: Was ist bedroht: Klima oder Freiheit?, Gerold, 2007
34. Clark, Ian, Prof.	Abteilung Erdwissenschaften, Paläontologe, Universität Ottawa		X	X			X	X	Tritt im Film „The Great Global Warming Swindle" auf
35. Svensmark, Henrik, Dr.	dänischer Physiker		X	X			X		Nigel Calder und Henrik Svensmark: Sterne steuern unser Klima. Eine neue Theorie zur Erderwärmung, Patmos Verlag, Düsseldorf 2008 Henrik Svensmark and Eigil Friis-Christensen, ‚Variation of Cosmic Ray Flux and Global Cloud Coverage – a Missing Link in Solar-Climate Relationships', Journal of Atmospheric and Solar-Terrestrial Physics, Vol. 59, pp. 1225–32,1997
36. Lassen, Knud, Prof. Dr.	dänischer Meteorologe Dänisches Meteorologisches Institut in Kopenhagen		X	X			X		Eigil Friis-Christensen and Knud Lassen, ‚Length of the Solar Cycle: An Indicator of Solar Activity Closely Associated with Climate', Science, Vol. 254, pp. 698–700, 1991

Name	Funktion	KE	E-NU	SO	QB	F	WG	CO_2	Quelle
37. Stott, Philip, Prof.	Abteilung Biogeografie, Universität London		X	X	X	X	X		Tritt im Film „The Great Global Warming Swindle" auf
39. Reiter, Paul, Prof.	ehem. IPCC, Dpt. Of Medical Entomology Institut Pasteuer, Paris						X		Tritt im Film „The Great Global Warming Swindle" auf
40. Veizer, Jan, Dr., Prof. em.	Geowissenschaftler emeritierter Prof. für Geowissenschaften, Universität Ottawa. Ehem. Mitarbeiter am Institut für Geologie, Mineralogie und Geophysik an der Bochumer Ruhr Universität		X	X				X	Artikel von Jan Veizer in The Australian: Climate Change isn't settled, vom 24.4.2009 abrufbar unter http://www.theaustralian.com.au/news/opinion/climate-change-science-isnt-settled/story-e6frg6zo-1225702894631 (5.6.2011)
41. Lindzen, Richard Siegmund, Prof.	geb. 1940 amerikanischer Prof. für Meteorologie, Abtlg. Erd-, Atmosphären- und Planetenwissenschaft am Massachusetts Institute of Technology (MIT), IPCC				X		X	X	Tritt im Film „The Great Global Warming Swindle" auf Teuwsen, Peer interviewt Richard Lindzen in der Weltwoche (CH): Ich hoffe, das hört bald auf, Ausgabe 13/06, 2007, abrufbar unter www.weltwoche.ch/artikel/?AssetID=16206&Categor ID=62 (20.12.2010)
42. Moore, Patrick	Co-founder Greenpeace				X		X		Tritt im Film „The Great Global Warming Swindle" auf
43. Driessen, Paul	Autor				X				Tritt im Film „The Great Global Warming Swindle" auf
44. Spencer, Roy, Dr.	Weather Satellite Team Leader, NASA				X	X	X	X	Tritt im Film „The Great Global Warming Swindle" auf

Name	Funktion	KE	E-NU	SO	QB	F	WG	CO$_2$	Quelle
45. Michaels, Patrick, Prof.	Department of Environmental Sciences, Universität Virginia ehem. Reviewer des IPCC		X		X		X	X	Tritt im Film „The Great Global Warming Swindle" auf
46. Akasofu, Syun-Ichi, Prof.	Direktor International Arctic Research Center, Alaska		X				X		Tritt im Film „The Great Global Warming Swindle" auf
47. Lord Lawson of Blady	Großbritannien, ehem. Politiker, According to the movie a „Leading Figure" in the 2005 House of Lords inquiry to set up to examine the scientific evidence on man-made global warming				X				Tritt im Film „The Great Global Warming Swindle" auf

Name	Funktion	KE	E-NU	SO	QB	F	WG	CO_2	Quelle
48. Motl, Luboš	Tscheche, geb. 5.12.1973 Theoretischer Physiker				X		X	X	Motl, Luboš: Herr Schellnhuber has a master plan, abrufbar unter http://motls.blogspot.com/2011/03/herr-schellnhuber-has-master-plan.html (11.6.2011) Zitat: „Those maniacs [wie Herr Schellnhuber] will soon 'unveil a master plan' for a transformation of society. It may be a good idea for the German – or other – intelligence services to physically deal with Herr Schellnhuber and his thugs before it's too late." Daran schließt ein direkter Vergleich mit Reinhard Heydrich, dem Organisator des Holocausts im Dritten Reich, an. **These:** „If there were a significant warming – it's very likely that there won't be any – and this warming would make significant changes to the ice sheets, the decomposing ice sheet would also automatically be able to absorb much more CO_2, which would eventually reduce its concentration and undo some of the warming that was blamed on CO_2 in the first place." In http://motls.blogspot.com/2011/03/herr-schellnhuber-has-master-plan.html (11.6.2011)

KE = keine Erderwärmung, E-NU = Erderwärmung natürliche Ursachen, SO = Erderwärmung bedingt durch Sonnenflecken, Qui bono = Interessenpolitik, WG = wissenschaftliche Grundlage wird angezweifelt (Komplexität, Fehlerhaftigkeit, Methoden etc.), CO_2 = Einfluss vorhanden, aber vernachlässigbar, F = Kritik an finanziellen Implikationen

Anlage II: Klima in den Online-Medien

Die folgenden Tabellen beinhalten die Analyse der Klimabeiträge in den Online Medien von FAZ, Spiegel, und Handelsblatt in einem Zeitraum vom 1.1.2010 bis 31.3.2011 (14 Monate). Der Zeitraum der Analyse der Welt umfasst aufgrund der hohen Zahl der Beiträge einen Zeitraum von sechs Monaten, und zwar vom 1.1.2010 bis 30.6.2010.

Legende:

Die neutrale oder positive Berichterstattung i.S. Klima ist blau markiert. Die kritische Berichterstattung ist rötlich markiert.

B: Bericht über ...

Hier handelt es sich um vorrangig neutrale Berichterstattung über

- Klimaforschung
- Klimapolitik
- Klimawandel und Klimaschutz oder
- Berichte, die Klimaskeptiker kritisieren

K: Kritik an ...

Hier handelt es sich entweder um

- klimaskeptische Berichterstattung (dunkelrote Markierung)

oder vorrangig um Kritik an

- dem IPCC
- der Klimapolitik
- der Klimaforschung
- der Klimaberichterstattung oder
- Maßnahmen des Klimaschutzes

Die grau markierten Titel kennzeichnen Beiträge, die im Titel oder Text von einer sachlichen Darstellung von Inhalten abweichen und Szenarien des Untergangs, des Aussterbens, der Massenimmigration beschreiben, in denen von einer

Katastrophe die Rede ist oder Worte wie „Alarm", „Kill" oder „Kampf" o.Ä. verwandt werden. Diese Beiträge (insgesamt 27) wurden im Rahmen der Analyse als in der Laienwahrnehmung „alarmistisch" eingestuft.

Tabelle 3: Klima in den Online-Medien

Datum	Titel aus der FAZ online 2010	B: Klima-forschung	B: Klima-politik	B: Klima-wandel/-schutz	B: Klima-skeptikern	klima-skeptisch	K: IPCC	K: Klima-politik	K: Klima-forschung	K: Klima-berichte	K: Klima-schutz
07.01.2010	Wege aus der Klimakonferenz	1									
09.01.2010	Wo der Kaffee wächst, stört das Klima nicht	1									
09.01.2010	Das richtige Fahrzeug rettet die Ökobilanz				1						
11.01.2010	Grün essen ist gar nicht so einfach				1						
20.01.2010	Weltklimarat bedauert falsche Prognose über Gletscher							1			
20.01.2010	Tauwetter für eingefrorene KfW-Förderprogramme				1						
21.01.2010	Vodoo statt Wissenschaft							1			
02.02.2010	Fragliche Daten der Klimaforscher							1			
10.02.2010	IPCC kommt auf den Prüfstand							1			
16.02.2010	Vor uns die Sinnflut	1									
18.02.2010	UN-Klimachef De Boer kündigt Rücktritt an									1	
23.02.2010	Amerika verschiebt Klimaschutz		1								

Datum	Titel aus der FAZ online 2010	B: Klima-forschung	B: Klima-politik	B: Klima-wandel/-schutz	B: Klima-skeptikern	klima-skeptisch	K: IPCC	K: Klima-politik	K: Klima-forschung	K: Klima-berichte	K: Klima-schutz
23.02.2010	Klima ohne Schutz				1						
09.03.2010	In großer Tiefe und weiter Ferne										1
09.03.2010	Wohin mit den Zweifeln?							1			
11.03.2010	Ban will korrekte Zahlen für „reale Bedrohung"							1			
14.03.2010	Klimaschutz-Charta für Hessen				1						
19.03.2010	Eine Brise über dem Energieacker				1						
22.03.2010	Auch Gründerzeithäuser können klimafreundlich sein				1						
24.03.2010	Höhere Kosten durch Öko-Energie										1
28.03.2010	Licht aus für den Klimaschutz				1						
29.03.2010	Neustart für den Klimaschutz										1
31.03.2010	Untersuchungsbericht entlastet Klimaforscher								1		
02.04.2010	Alles unter die Erde										1
05.04.2010	Vattenfall plant CO_2-Speicher-Erkundung ab Herbst										1
10.04.2010	Lass mich Dein Eisbär sein				1						

Datum	Titel aus der FAZ online 2010	B: Klima-forschung	B: Klima-politik	B: Klima-wandel/-schutz	B: Klima-skeptikern	B: klima-skeptisch	K: IPCC	K: Klima-politik	K: Klima-forschung	K: Klima-berichte	K: Klima-schutz
10.04.2010	Biokraftstoffziel der EU hilft dem Klima				1						
10.04.2010	Schlechte Schützer										1
14.04.2010	Kein Fehlverhalten der Klimaforscher						1				
19.04.2010	Virtuose Desaster				1						
21.04.2010	Weltrettung von unten						1				
26.04.2010	Die Aschewolke aus Anti-wissen									1	
28.04.2010	Asyl für Klimasünder								1		
03.05.2010	Zwölferrat mit Winnacker prüft Weltklimarat						1				
03.05.2010	Subglobale Allianzen der Willigen		1								
04.05.2010	Was macht die Sonne mit unserem Klima?	1									
08.05.2010	Außer Gipfeln nichts gewesen		1						1		
14.05.2010	Klimaschutz oder Energiesicherheit				1						
14.05.2010	Von der Kunst, die Klimadebatte aufs Glatteis zu führen										
19.05.2010	Weltmeere „definitiv" wärmer	1									

Datum	Titel aus der FAZ online 2010	B: Klimaforschung	B: Klimapolitik	B: Klimawandel/-schutz	B: Klimaskeptikern	klimaskeptisch	K: IPCC	K: Klimapolitik	K: Klimaforschung	K: Klimaberichte	K: Klimaschutz
26.05.2010	„China und Amerika sind beim Klimaschutz auf der Überholspur"			1							
27.05.2010	Klima-Agenten wollen Bäume verwalten		1								
01.06.2010	Mehr Treibhausgase aus Amerika	1									
08.06.2010	Klimaschutz im Township			1							
09.06.2010	Diplomaten in der Sackgasse							1			
10.06.2010	UN-Konferenz endet ohne Ergebnis							1			
15.06.2010	Zwiegespaltenes Verhältnis zur Forschung								1		
02.07.2010	EU-Kommission will Kohlendioxid besteuern			1							
02.07.2010	Überflüssiger Eingriff		1								
09.07.2010	Die Flora lässt der Klimawandel seltsam kalt								1		
15.07.2010	30% weniger Emissionen bis 2020			1							
23.07.2010	Klimaschutzgesetz in Amerika gescheitert		1								
06.08.2010	Tiefer gelegt							1			

Datum	Titel aus der FAZ online 2010	B: Klima-forschung	B: Klima-politik	B: Klima-wandel/-schutz	B: Klima-skepti-kern	klima-skeptisch	K: IPCC	K: Klima-politik	K: Klima-forschung	K: Klima-berichte	K: Klima-schutz
12.08.2010	Das Wetter hat sich festgefressen									1	
16.08.2010	Schmuddelkinder			1							
31.08.2010	Klimarat muss seine Strukturen ändern						1				
08.09.2010	Klimaschutz mit Schlagseite										1
11.09.2010	Allein kann Deutschland das Klima nicht retten			1							
16.09.2010	Oettinger zweifelt an Berlins Energiekonzept							1			
19.09.2010	Mein Haus wird klimaneutral			1							
26.09.2010	Keine Zeit für Klimaschutzromantik										1
30.09.2010	Die Widersprüche der Energiewende										1
14.10.2009	Mieter sollen Sanierungen dulden müssen										1
19.10.2010	Gleichmacherei in der Gebäudesanierung										1
26.10.2010	Biogas in Nepal			1							
26.10.2010	Ein Äppler für den Klimaschutz			1							

Datum	Titel aus der FAZ online 2010	B: Klima-forschung	B: Klima-politik	B: Klima-wandel/-schutz	B: Klima-skeptikern	klima-skeptisch	K: IPCC	K: Klima-politik	K: Klima-forschung	K: Klima-berichte	K: Klima-schutz
28.10.2010	Marburg stimmt über neue Solarsatzung ab			1							
30.10.2010	Japanische Seelenmassage für Planet Erde							1			
16.11.2010	Die Burka fürs Haus										1
24.11.2010	Morgenstadt			1							
27.11.2010	War da was mit Klima?		1								
28.11.2010	Emissionen, Waldschutz und Klimafonds		1								
29.11.2010	Vor einem diskreten Scheitern		1								
30.11.2010	Kohlendioxid ist ein heimtückisches Gas		1								
30.11.2010	Wir müssen über CO_2-Zölle reden		1								
01.12.2010	Der polare Blick	1									
01.12.2010	Schachern ums Klima		1								
06.12.2010	Mit Energie für Klimaschutz und Fitness			1							
07.12.2010	Klimawandel löst immer mehr Unwetter aus		1								
08.12.2010	Ungewisse Schlussphase in Cancun		1								

Datum	Titel aus der FAZ online 2010	B: Klima-forschung	B: Klima-politik	B: Klima-wandel/-schutz	B: Klima-skepti-kern	klima-skeptisch	K: IPCC	K: Klima-politik	K: Klima-forschung	K: Klima-berichte	K: Klima-schutz
08.12.2010	Klimaschutz für die Kunden und das Gewissen			1							
09.12.2010	Ringen um die Weltklimaklasse		1								
09.12.2010	Nichts als Kompromisse in Cancun		1								
09.12.2010	Röttgen: China und die USA müssen eigene Beiträge leisten		1								
10.12.2010	Flaschenpost nach Durban		1								
11.12.2010	Viele Nationen unterstützen Klimakompromiss		1								
12.12.2010	Wenn der Markt das Klima schützt			1							
12.12.2010	Cancun-Konferenz einigt sich auf Klimafonds		1								
21.12.2010	Kälte trotz Erderwärmung nicht überraschend	1									
21.12.2010	Rückkehr zur Vernunft										1
28.12.2010	Wie könnte mein Schrank die Welt retten?			1							
29.12.2010	Anschauungsunterricht für den Klimaschutz			1							

Datum	Titel aus der FAZ online 2010/2011	B: Klima-forschung	B: Klima-politik	B: Klima-wandel/-schutz	B: Klima-skeptikern	klima-skeptisch	K: IPCC	K: Klima-politik	K: Klima-forschung	K: Klima-berichte	K: Klima-schutz
30.12.2010	Unsere Systeme sind erschreckend verwundbar	1									
06.01.2011	EU schlägt Klima-Alarm										1
28.01.2011	Dicke Luft im Blockhaus				1						
02.02.2011	Das Energiesparziel liegt in weiter Ferne										1
06.02.2011	Roh die Daten, doch trickreich die Modelle	1									
10.02.2011	Entscheidend ist, was rauskommt									1	
17.02.2011	Der Klimaschutz kostet Millionen										1
18.02.2011	Die EU streitet um Kraftstoff aus Teersand										1
02.03.2011	EU will Emissionsrechte streichen										1
04.03.2011	Die Klima-Allergie										1
08.03.2011	Oettinger droht Staaten mit Energiesparpflicht								1		
08.03.2011	Im Klimakuckucksheim										1
09.03.2011	Aufklären, bis er tankt										1

Datum	Titel aus der FAZ online 2011	B: Klimaforschung	B: Klimapolitik	B: Klimawandel/-schutz	B: Klimaskeptikern	klimaskeptisch	K: IPCC	K: Klimapolitik	K: Klimaforschung	K: Klimaberichte	K: Klimaschutz
09.03.2011	Die Deutschen sind bereit zum Klimaschutz										1
16.03.2011	Die Klimainitiative von Michael Ballhaus			1							
26.03.2011	Licht aus für die „Earth Hour"			1							
	Summe (Gesamt: 109)	10	20	29	3	0	10	9	5	1	22
	in %	9,17	18,35	26,61	2,75	0,00	9,17	8,26	4,59	0,92	20,18

Datum	Titel aus dem Handelsblatt online 2010	B: Klima-forschung	B: Klima-politik	B: Klima-wandel/-schutz	B: Klima-skepti-kern	klima-skeptisch	K: IPCC	K: Klima-politik	K: Klima-forschung	K: Klima-berichte	K: Klima-schutz
12.01.2010	Wirtschaft muss sich auf Klimawandel einstellen				1						
18.01.2010	Klimawandel ist der größte Investmenttrend aller Zeiten				1						
20.01.2010	Klimarat zweifelt eigene Gletscherprognose an							1			
20.01.2010	Kunden fordern Klima-Kompetenz von Banken ein				1						
26.01.2010	Konzerne kaufen klima-freundliche Dienstwagen				1						
28.01.2010	Klimawandel zerstört mehr als die Finanzkrise				1						
06.02.2010	Indiens Ruß wird zum Gletscherkiller	1									
19.02.2010	Unterirdische Klimaretter				1						
25.02.2010	Online-Atlas zeigt Klimawandel in Deutschland				1						
08.03.2010	Wer die Erde erwärmt, kann sie auch abkühlen				1						
13.03.2010	Ich glaube an eine Verschwörung der Klimaskeptiker				1						
15.03.2010	Kalte Reaktion auf die brandneue Klimastudie				1						

Datum	Titel aus dem Handelsblatt online 2010	B: Klima- forschung	B: Klima- politik	B: Klima- wandel/ -schutz	B: Klima- skepti- kern	klima- skeptisch	K: IPCC	K: Klima- politik	K: Klima- forschung	K: Klima- berichte	K: Klima- schutz
17.03.2010	Eisendüngung der Meere fördert Giftblüten	1									
17.03.2010	Investitionsfonds für Klima- schutzprojekte				1						
31.03.2010	Kritik und Entlastung für britische Forscher								1		
31.03.2010	Schaumschlägerei gegen den Klimawandel				1						
07.04.2010	Einmal um die Welt in 60 Minuten				1						
08.04.2010	Eisige Mission	1									
08.04.2010	Weniger Lachgase durch grasende Kühe	1									
28.04.2010	Merkel mahnt zum Klima- schutz				1						
29.04.2010	Kohlendioxid verdirbt die Flottenbilanz		1								
30.04.2010	Eisbergschmelze lässt Meeres- spiegel doch steigen										
05.05.2010	EU nutzt Rezession für mehr Klimaschutz				1						
07.05.2010	Im Klimawandel werden auch die Meetings grün				1						

Datum	Titel aus dem Handelsblatt online 2010	B: Klima-forschung	B: Klima-politik	B: Klima-wandel/-schutz	B: Klima-skepti-kern	klima-skeptisch	K: IPCC	K: Klima-politik	K: Klima-forschung	K: Klima-berichte	K: Klima-schutz
14.05.2010	Weltklimarat stellt sich der Kritik wegen falscher						1				
19.05.2010	EU-Klimaziele schockieren die Wirtschaft										1
17.06.2010	Wie der Pottwal den Klimawandel bekämpft	1									
08.07.2010	Wenn wir Jahre verlieren, wäre das fatal			1							
18.07.2010	Klimaforscher erwarten Hitzerekord	1									
19.07.2010	Wer hat Recht beim Klimaschutz?			1							
21.07.2010	Weiße Städte sollen Klimawandel aufhalten	1									
22.07.2010	Die wahren Profiteure des Klimawandels	1									
23.07.2010	US-Demokraten vertagen Klima-Gesetz		1								
23.07.2010	Eisfreies Polarmeer schluckt kaum CO_2	1									
02.08.2010	Die Nachhaltigkeits-Geschwätz GmbH & CoKG		1								

Datum	Titel aus dem Handelsblatt online 2010	B: Klima-forschung	B: Klima-politik	B: Klima-wandel/-schutz	B: Klima-skepti-kern	klima-skeptisch	K: IPCC	K: Klima-politik	K: Klima-forschung	K: Klima-berichte	K: Klima-schutz
02.08.2010	Wir müssen die Herausforderung durch die Skeptiker annehmen						1				
09.08.2010	DIW warnt vor enormen wirtschaftlichen Schäden	1									
31.08.2010	Experten empfehlen Umbau des Weltklimarats						1				
03.09.2010	Deutschland soll für den Klimawandel zahlen		1								
28.09.2010	Ohne Bäume kein Schnee auf dem Kilimandscharo	1									
04.10.2010	Schlechte Aussichten für den Klimaschutz								1		
05.10.2010	Mit Solar-Brunnen gegen den Klimawandel			1							
07.10.2010	Merkel sieht keine Chance für Klima-Abkommen		1								
14.10.2010	Statistiker Lomberg wehrt sich gegen Verharmlosungsvorwurf			1							
22.10.2010	Klimaschutz gewinnt für Unternehmen an Bedeutung			1							
25.10.2010	Klimawandel bringt stickige Sommer und stürmische Winter	1									

Datum	Titel aus dem Handelsblatt online 2010	B: Klima-forschung	B: Klima-politik	B: Klima-wandel/-schutz	B: Klima-skepti-kern	klima-skeptisch	K: IPCC	K: Klima-politik	K: Klima-forschung	K: Klima-berichte	K: Klima-schutz
01.11.2010	Tausche Methan gegen Kohlendioxid			1							
07.11.2010	Mit Algen gegen den Klimawandel			1							
10.11.2010	Mit Biokohle den Klimawandel bekämpfen			1							
12.11.2010	Regenwald könnte vom Klimawandel profitieren	1									
22.11.2010	Der Klimawandel wartet nicht			1							
24.11.2010	Klimawandel erwärmt Seen	1									
26.11.2010	Klimaschutz ohne USA – aber mit China		1								
29.11.2010	Neustart nach dem Kopenhagen-Desaster							1			
29.11.2010	Alleingänge zur Rettung des Klimas		1								
29.11.2010	Mehr Pollenflug als im Vorjahr			1							
29.11.2010	Cancun soll Kopenhagen vergessen machen		1								
07.12.2010	In Lateinamerika ist der Klimawandel längst Realität			1							
07.12.2010	Umweltminister Röttgen hält Scheitern für möglich		1								

Datum	Titel aus dem Handelsblatt online 2010/2011	B: Klima-forschung	B: Klima-politik	B: Klima-wandel/-schutz	B: Klima-skepti-kern	klima-skeptisch	K: IPCC	K: Klima-politik	K: Klima-forschung	K: Klima-berichte	K: Klima-schutz
08.12.2010	Röttgen fordert Umdenken		1								
10.12.2010	Ausgerechnet Japan blockiert		1								
10.12.2010	Industrieländer stehlen sich aus der Verantwortung		1								
10.12.2010	Der schwere Rucksack des Klimagipfels		1								
10.12.2010	Wenn Klimaskeptiker gegen die Weltverschwörung kämpfen			1							
11.12.2010	Weltkonferenz ignoriert Boliviens Bedenken		1								
11.12.2010	Röttgen feiert Klimaschutz-Kompromiss in Mexiko		1								
13.12.2010	Wenig mehr als nichts in Cancun								1		
16.12.2010	Klimawandel bringt zusammen, was nicht zusammen gehört	1									
04.01.2011	Die Natur schlägt brutal zurück			1							
12.01.2011	Schlüssel zum Kampf gegen Klimawandel endlich einsetzen			1							

Datum	Titel aus dem Handelsblatt online 2011	B: Klima-forschung	B: Klima-politik	B: Klima-wandel/-schutz	B: Klima-skeptikern	klima-skeptisch	K: IPCC	K: Klima-politik	K: Klima-forschung	K: Klima-berichte	K: Klima-schutz
12.01.2011	Vorbilder sind nicht immer Vorreiter										1
15.01.2011	Zunehmende Fluten auch durch Klimawandel bedingt	1									
19.01.2011	Reis und Getreide werden in 10 Jahren knapp			1							
19.01.2011	US-Wissenschaftsverband zieht Klima-Mitteilung zurück								1		
20.01.2011	EU setzt Emissionshandel aus										1
20.01.2011	Der Emissionshandel hat ein Leck										1
21.01.2011	Was hat Dschingis Khan mit dem Klimawandel zu tun?			1							
02.03.2011	Eisbohrkerne geben neue Hinweise	1									
08.03.2011	Kampf gegen den Klimawandel kostet viel Geld										1
08.03.2011	Regierung will Biosprit durchdrücken										1
10.03.2011	Sprechen harte Winter nicht gegen die Klimaerwärmung?			1							
13.03.2011	Biosprit hat große Zukunft			1							

Datum	Titel aus dem Handelsblatt online 2011	B: Klima-forschung	B: Klima-politik	B: Klima-wandel/-schutz	B: Klima-skepti-kern	B: Klima-skeptisch	K: IPCC	K: Klima-politik	K: Klima-forschung	K: Klima-berichte	K: Klima-schutz
18.03.2011	Gemeinde wehrt sich gegen Windkraft										1
26.03.2011	Auf der Erde gehen heute die Lichter aus			1							
31.03.2011	„A new beginning" räumt ab			1							
	Summe (Gesamt 85)	18	14	36	1	0	5	3	1	0	7
	in %	21,18	16,47	42,35	1,18	0,00	5,88	3,53	1,18	0,00	8,24

137

Datum	Titel aus der Welt online 2010	B: Klima-forschung	B: Klima-politik	B: Klima-wandel/-schutz	B: Klima-skeptikern	klima-skeptisch	K: IPCC	K: Klima-politik	K: Klima-forschung	K: Klima-berichte	K: Klima-schutz
02.01.201	Globale Politik in der Zwickmühle		1								
05.01.2010	Heißestes Jahrzehnt der Geschichte in Australien	1									
06.01.2010	Schlechte Zeiten für Bardamen				1						
06.01.2010	Hamburg will Chinesen mit einem Passivhaus für den Klimaschutz erwärmen			1							
08.01.2010	Erneuerbare Energien sind im Kommen			1							
09.01.2010	Kommt alles Gute von unten?			1							
10.01.2010	Die Arktis ins Klassenzimmer geholt			1							
11.01.2010	In Kopenhagen wurden Chancen für die Umwelt vertan		1								
12.01.2010	Klimaforscher fordern mehr Kooperation im Kampf gegen die Erderwärmung			1							
13.01.2010	Ausartender Konsum ist Klimakiller Nummer Eins	1									
13.01.2010	Klimaschutz – jetzt geht es um die Emissionsziele			1							
14.01.2010	Auf die Großen kommt es an			1							

Datum	Titel aus der Welt online 2010	B: Klima-forschung	B: Klima-politik	B: Klima-wandel/-schutz	B: Klima-skeptiker	klima-skeptisch	K: IPCC	K: Klima-politik	K: Klima-forschung	K: Klima-berichte	K: Klima-schutz
14.01.2010	Wärmstes Jahr auf der Südhalbkugel seit 1850	1									
15.01.2010	Bauern zwischen Genuss und Klimawandel			1							
16.01.2010	Bis zum Weltuntergang sind es noch sechs Minuten			1							
16.01.2010	Klimaforscher ausgezeichnet	1									
16.01.2010	Tier-Schicksale: Schiffsbohrwurm	1									
16.01.2010	Aigner fordert mehr Klimaschutz in der Landwirtschaft		1								
16:01:2010	Nicht Staaten, sondern Bürger retten das Klima			1							
17:01:2010	Es droht ein Überlebenskampf			1							
18:01:2010	Agrarminister suchen Lösungen gegen Hunger		1								
20:01:2010	Weltklimarat soll schlampig recherchiert haben						1				
20:01:2010	Weltklimarat gesteht Fehler bei Prognosen ein						1				
21:01:2010	Experten vermuten mehr Fehler im Weltklimabericht						1				

Datum	Titel aus der Welt online 2010	B: Klima-forschung	B: Klima-politik	B: Klima-wandel/-schutz	B: Klima-skeptikern	klima-skeptisch	K: IPCC	K: Klima-politik	K: Klima-forschung	K: Klima-berichte	K: Klima-schutz
22.01.2010	Umweltbewusstes Leben verbessert die Gesundheit			1							
22.01.2010	Nachhaltige Investments breiten sich aus			1							
23.01.2010	Schwache Bilanz										1
23.01.2010	Öko-Dax hat sich für Anleger bisher nicht gerechnet										1
23.01.2010	Klimaschutz bringt Gewinn			1							
24.01.2010	Berliner lassen 750 Schneemänner bauen			1							
25.01.2010	Weltklimarat gerät erneut ins Zwielicht						1				
25.01.2010	Stabiles Klima nutzt der Artenvielfalt			1							
26.01.2010	Sonde soll Effekte von Sonneneruptionen erkunden	1									
27.01.2010	Naturbewusste Fondsanbieter rufen nach dem Staat			1							
27.01.2010	Wo bist Du, Klimawandel?	1									
29.01.2010	Bin Ladens neueste Gedanken zu Welt und Klima			1							
29.01.2010	Wasserdampf in der Stratosphäre bisher ignoriert									1	

Datum	Titel aus der Welt online 2010	B: Klima-forschung	B: Klima-politik	B: Klima-wandel/-schutz	B: Klima-skeptikerkern	B: klima-skeptisch	K: IPCC	K: Klima-politik	K: Klima-forschung	K: Klima-berichte	K: Klima-schutz
30.01.2010	Das intelligente Eigenheim			1							
30.01.2010	Die selbstgemachte Klimakatastrophe der UN						1				
31.01.2010	Was der Forscher nicht weiß, macht das Klima nicht heiß						1				
15.02.2010	Schlampige Daten als Beleg für den Klimawandel					1					
17.02.2010	Wie der UN-Klimarat gerettet werden soll						1				
18.02.2010	Kann man dem Weltklimarat noch glauben?						1				
19.02.2010	Schmutz als Klimabremse			1							
19.02.2010	Die verlorene Unschuld der Klimaforschung					1					
20.02.2010	Die verlorene Unschuld der Klimaforschung					1					
21.02.2010	Die Folgen des Horrorwinters			1							
21.02.2010	Fragwürdiger Ablasshandel										1
23.02.2010	Diese Orte könnten schon bald verschwunden sein			1							
24.02.2010	Wohlstand für Eichhörnchen	1									

Datum	Titel aus der Welt online 2010	B: Klima-forschung	B: Klima-politik	B: Klima-wandel/-schutz	B: Klima-skeptikern	klima-skeptisch	K: IPCC	K: Klima-politik	K: Klima-forschung	K: Klima-berichte	K: Klima-schutz
25.02.2010	Klimaprognosen für Bundesländer online abrufbar										
26.02.2010	Wissenschaft	1									
26.02.2010	UN will Weltklimarat unabhängig prüfen lassen						1				
27.0".2010	UN überprüft Klimaberichte						1				
27:02:2010	Die Macht der Meteorologen					1					
27:02:2010	Globale Trends			1							
28:02:2010	100 einzigartige Orte, deren Schönheit bald erlöschen könnte			1							
28.02.2010	Deutschlands Sicherheit wird zur See verteidigt			1							
01.03.2010	Wasser marsch an der Nordseeküste			1							
01.03.2010	Nordseeküste muss sich wegen Klima verändern			1							
01.03.2010	Deutschlands Sicherheit auf See	1									
01.03.2010	Experte sieht Nordseeküste Bach runtergehen			1							
03.03.2010	Klimawandel machte Braunbär zum Eisbär	1									

Datum	Titel aus der Welt online 2010	B: Klima-forschung	B: Klima-politik	B: Klima-wandel/-schutz	B: Klima-skepti-kern	B: klima-skeptisch	K: IPCC	K: Klima-politik	K: Klima-forschung	K: Klima-berichte	K: Klima-schutz
04.03.2010	Experten sehen Mega-Städte als größte Klimakiller	1									
05.03.2010	Tropenhitze und Starkregen erreichen die Ballungsräume	1									
05.03.2010	Nordpolarmeer setzt klima-schädliches Methan frei	1									
06.03.2010	Die neue Lust am Widerstand										
06.03.2010	Krise schont Klima			1							
07.03.2010	Nachhaltige Schelte von der Kanzel herab			1							
08.03.2010	Experten erwarten heißen Sommer			1							
08.03.2010	Der Klimawandel ist Pflanzen und Tieren schnuppe						1				
08.03.2010	Tierisch flexibel						1				
11.03.2010	Las Vegas, Venedig und die Stadt der Zukunft			1							
12.03.2010	Wollmütze bei 46 Grad			1							
13.03.2010	Wir wollen die Republik verändern						1				
13.03.2010	Der Klima-Mahner tritt ein wenig kürzer			1							

Datum	Titel aus der Welt online 2010	B: Klima-forschung	B: Klima-politik	B: Klima-wandel/-schutz	B: Klima-skeptikern	klima-skeptisch	K: IPCC	K: Klima-politik	K: Klima-forschung	K: Klima-berichte	K: Klima-schutz
14.03.2010	Gibt es sie noch die Klima-Kanzlerin?			1							
15.03.2010	Umweltschutz zum Anfassen		1								
15.03.2010	Premier Wen: China wird missverstanden										
19.03.2010											
22.03.2010	50 Ideen wie Deutschland wieder wachsen kann			1							
22.03.2010	Wir werden nicht leise sterben			1							
23.03.2010	Auch Umweltbundesamt für höhere Spritpreise	1									
24.03.2010	Temperaturanstieg entzieht Korallen die Farbe	1									
25.03.2010	Briten wollen Kohlendioxid in Benzin verwandeln			1							
26.03.2010	Klimawandel beendet Staaten-konflikt um eine Insel			1							
26.03.2010	Weltweit gehen für eine Stunde die Lichter aus			1							
27.03.2010	Weltweite Dunkelheit für den Klimaschutz			1							
28.03.2010	Warum Deutsche sich dem Klimaalarm verwehren					1					

Datum	Titel aus der Welt online 2010	B: Klima-forschung	B: Klima-politik	B: Klima-wandel/-schutz	B: Klima-skepti-kern	klima-skeptisch	K: IPCC	K: Klima-politik	K: Klima-forschung	K: Klima-berichte	K: Klima-schutz
29.03.2010	Keine Angst vor Erwärmung					1					
29.03.2010	Tanzend gegen Klimawandel			1							
30.03.2010	Klimawandel zum Trotz – Golfstrom reißt nicht ab	1		1							
31.03.2010	Ehrenrettung für britische Forscher						1				
23.04.2010	Wie Siemens in Spanien den Wüstenstrom testet			1							
25.04.2010	Klima-Klempner wollen die Erde kühlen										1
25.04.2010	Wein, Gesang, aber jede Menge Arbeit			1							
26.04.0210	Wie uns das Klima krank macht			1							
27.04.2010	Klimaforscher fordern CO$_2$-Höchstmenge pro Kopf		1								
27.04.2010	Klimawandel schreitet weiter voran		1								
27.04.2010	Klimawandel – Westdeutschland könnte profitieren			1							
28.04.2010	Reetdächer in akuter Gefahr			1							
29.04.2010	Maikäfer auf Hochzeitsflug			1							

Datum	Titel aus der Welt online 2010	B: Klimaforschung	B: Klimapolitik	B: Klimawandel/-schutz	B: Klimaskeptikern	B: Klimaskeptisch	K: IPCC	K: Klimapolitik	K: Klimaforschung	K: Klimaberichte	K: Klimaschutz
29.04.2010	Megacities leiden unter Klimawandel			1							
30.04.2010	Studienobjekt Santiago de Chile			1							
02.05.2010	Bedroht von Klima und Pfusch am Bau			1							
03.05.2010	Weltmacht Europa		1								
03.05.2010	Tropischer Virus in Deutschland nachgewiesen			1							
03.05.2010	Der Traum vom zweiten Leben als Winzer			1							
04.05.2010	Wattenmeertagung auf Sylt	1									
04.05.2010	Ein Exot bedroht die Fische im Rhein				1						
04.05.2010	Im Permafrost lauert der größte Kohlenstoff-Schatz	1									
06.05.2010	Keine Spur von Einsamkeit				1						
07.05.2010	Forscher zapfen Sonnenlicht zur Kühlung an	1									
08.05.2010	Nicht die Nerven verlieren, Frau Kanzlerin		1								
10.05.2010	Sandaufspülungen sollen Halligen und Inseln schützen				1						

Datum	Titel aus der Welt online 2010	B: Klima-forschung	B: Klima-politik	B: Klima-wandel/-schutz	B: Klima-skepti-kern	B: klima-skeptisch	K: IPCC	K: Klima-politik	K: Klima-forschung	K: Klima-berichte	K: Klima-schutz
10.05.2010	Hessischem Wald droht tödliche Maikäferinvasion				1						
10.05.2010	Eisheilige halten Temperaturen weiter unten	1									
12.05.2010	Erde könnte für Menschen zu heiß werden	1									
13.05.2010	„Doppelte Xena" vermiest uns den Vatertag	1									
14.05.2010	Meeresforscher und Greenpeace starten in die Arktis				1						
14.05.2010	Pack das Holz in den Tank										1
14.05.2010	Das Gute an diesem Mai – es wird nicht schneien				1						
14.05.2010	Künstliche Insel für 50.000 Einwohner geplant				1						
15.05.2010	Ihr müsst euch entscheiden				1						
15.05.2010	Der Gang durch die Katastrophen						1				
17.05.2010	Gift auf dem Dach				1						
17.05.2010	Tanganikasee wird wärmer – Nahrung schwindet				1						
18.05.2010	Containerschiffe überwachen das Klima	1									

Datum	Titel aus der Welt online 2010	B: Klimaforschung	B: Klimapolitik	B: Klimawandel/-schutz	B: Klimaskeptikern	klimaskeptisch	K: IPCC	K: Klimapolitik	K: Klimaforschung	K: Klimaberichte	K: Klimaschutz
18.05.2010	Oase Nr. 7: Überleben in der Katastrophe				1						
18.05.2010	Luftblase				1						
19.05.2010	Temperatur in den Ozeanen ist definitiv gestiegen	1									
20.05.2010	Landmasse Grönlands wird deutlich angehoben	1									
22.05.2010	13jähriger besteigt den Mount Everest				1						
23.05.2010	Überleben in der Klimakapsel				1						
25.05.2010	Was man halt so sagt: Evo Morales		1								
26.05.2010	Große Sorgen um die Kleinsten	1									
26.05.2010	Große Sorgen um die Allerkleinsten	1									
03.06.2010	Mobiles Solar-Kino				1						
03.06.2010	Termin des Tages				1						
01.06.2010	Klimaschutz, Klappe die …			1					1		
04.06.2010	EADS fliegt mit Benzin aus Algen										
09.06.2010	Mais, Mais, Mais										1

148

Datum	Titel aus der Welt online 2010	B: Klima-forschung	B: Klima-politik	B: Klima-wandel/-schutz	B: Klima-skepti-kern	B: Klima-skeptisch	klima-skeptisch	K: IPCC	K: Klima-politik	K: Klima-forschung	K: Klima-berichte	K: Klima-schutz
10.06.2010	Berlin bekommt keine neuen Windräder											1
11.06.2010	Klimaschutz bleibt eine Herausforderung											1
12.06.2010	Sonnenstrom vom Dach			1								
12.06.2010	Am 20. Juni bleibt das Auto stehen – nur der Ball rollt			1								
17.06.2010	Von roten Wüsten, Energiehäusern und Klimaschutz			1								
19.06.2010	Hamburgs erste Klima-Krippe: Spielen im Passivhaus			1								
20.06.2010	Das Dilemma mit der sauberen Wasserkraft											1
21.06.2010	Nordelbische Kirche beginnt Klimakampagne			1								
21.06.2010	Streit um grüne Energie											1
22.06.2010	Der heimische Baum fördert den Klimaschutz			1								
24.06.2010	26 Mio Euro für Klimaschutz			1								
25.06.2010	Protest gegen Flugsteuer											1
25.06.2010	Pawlow und Frankenstein						1					

Datum	Titel aus der Welt online 2010	B: Klima-forschung	B: Klima-politik	B: Klima-wandel/-schutz	B: Klima-skepti-kern	klima-skeptisch	K: IPCC	K: Klima-politik	K: Klima-forschung	K: Klima-berichte	K: Klima-schutz
29.06.2010	Vegetarierer sind die besseren Klimaschützer			1							
	Summe (**Gesamt 159**)	32	9	83	0	8	14	1	1	0	11
	in %	20,13	5,66	52,20		5,03	8,81	0,63	0,63		6,92

Datum	Titel aus dem Spiegel Online 2010	B: Klima-forschung	B: Klima-politik	B: Klima-wandel/-schutz	B: Klima-skeptiker	B: klima-skeptisch	K: IPCC	K: Klima-politik	K: Klima-forschung	K: Klima-berichte	K: Klima-schutz
19.01.2010	Recherchepanne: Weltklimarat schlampte bei Gletscher-Prognosen							1			
20.01.2010	Uno-Klimarat gibt Fehler bei Gletscher-Prognose zu							1			
20.01.2010	Neue Daten belegen Trend zur weiteren Erwärmung								1		
23.01.2010	Fehler im IPCC-Bericht: Gletscherpanne empört Umweltminister Röttgen							1			
25.01.2010	Rettet den Weltklimarat!							1			
25.01.2010	Schmelzendes Vertrauen							1			
31.01.2010	Angeblich dubiose Quellen: Neuer Streit im Weltklima-bericht							1			
31.01.2010	Gletscherprognose: Klimarat-Chef soll Panne verschwiegen haben							1			
03.02.2010	Gletscher-Panne: Weltklimarat-Chef lehnt Entschuldigung ab							1			
08.02.2010	Klima: Wie tief liegen die Niederlande?							1			

Datum	Titel aus dem Spiegel Online 2010	B: Klima-forschung	B: Klima-politik	B: Klima-wandel/-schutz	B: Klima-skeptiker	klima-skeptisch	K: IPCC	K: Klima-politik	K: Klima-forschung	K: Klima-berichte	K: Klima-schutz
11.02.2010	Debatte um den Weltklimarat: Der IPCC braucht eine Generalüberholung							1			
12.02.2010	US-Debatte: Schneesturm wärmt Klimawandel-Skeptiker					1					
26.02.2010	Klima-Debatte: Uno läßt Weltklimarat künftig kontrollieren							1			
11.03.2010	Reaktion auf Kritik: Akademien-Verband soll Weltklimarat renovieren							1			
29.03.2010	Die Wolkenschieber								1		
30.03.2010	Experte wirft Uno-Klimarat Schönrechnerei vor							1			
17.04.2010	Fahrzeughersteller in der Kritik: Wie Autobauer den Klimaschutz auf Eis legen				1						
26.04.2010	Klimapolitik: Schlacht bergauf		1								
03.05.2010	Forscherskandal: Heißer Krieg ums Klima								1		
03.05.2010	Klima: Das Kopenhagen-Protokoll								1		
30.08.2010	Experten drängen auf den Umbau des Weltklimarats							1			

Datum	Titel aus dem Spiegel Online 2010	B: Klima-forschung	B: Klima-politik	B: Klima-wandel/-schutz	B: Klima-skeptiker	klima-skeptisch	K: IPCC	K: Klima-politik	K: Klima-forschung	K: Klima-berichte	K: Klima-schutz
06.09.2010	Klimawandel: Blair warnt Politiker vor den Folgen des Nichtstuns		1								
08.09.2010	Afrikanische Savanne: Termitenhügel sagen Klimawandel voraus	1									
20.09.2010	Klimaforschung: Experten prophezeien lange Sonnenschwäche	1									
22.09.2010	Blumenalben liefern Hinweis auf Klimawandel				1						
24.09.2010	70er Jahre: Meereskälte soll Klimawende ausgelöst haben	1									
25.09.2010	Energieversorgung: Nordländer wollen CO$_2$-Endlager im Bundesrat stoppen								1		
27.09.2010	Umwelt: Bundesländer gegen CO$_2$-Lager								1		
04.10.2010	Schonfrist für den Chef des Klimarats						1	1			
04.10.2010	Erderwärmung: Uno eröffnet Klimaverhandlungen in China							1			
04.10.2010	Lobbyisten: Die Wissenschaft als Feind					1					

Datum	Titel aus dem Spiegel Online 2010	B: Klima-forschung	B: Klima-politik	B: Klima-wandel/-schutz	B: Klima-skeptiker	klima-skeptisch	K: IPCC	K: Klima-politik	K: Klima-forschung	K: Klima-berichte	K: Klima-schutz
07.10.2010	Klima-Paradoxon entdeckt: Sonne wärmt stärker während Schwächephase	1									
07.10.2010	Erderwärmung: Tropische Tiere leiden an meisten			1							
09.10.2010	Gescheiterte Uno-Verhandlungen: Grüne fordern Klima-Pakt mit Entwicklungsländern		1								
09.10.2010	Klimaziele der Bundesregierung: Ramsauer will alte Wohngebäude abreißen lassen			1							
11.10.2010	Immobilien: Minister im Häuserkampf			1							
12.10.2010	Methan-Emissionen: Stauseen könnten heimliche Klimasünder sein	1									
18.10.2010	Internationale Klimaverhandlungen: Röttgen übt sich in Zweckoptimismus		1								
18.10.2010	Klimaschutz: Das Rülpsen der Rinder			1							
19.10.2010	Heißes Dreivierteljahr: Meteorologen messen Hitze-Weltrekord	1									

Datum	Titel aus dem Spiegel Online 2010	B: Klima-forschung	B: Klima-politik	B: Klima-wandel/-schutz	B: Klima-skeptiker	klima-skeptisch	K: IPCC	K: Klima-politik	K: Klima-forschung	K: Klima-berichte	K: Klima-schutz
25.10.2010	Ruß in der Stratosphäre: Weltraumtourismus wird das Klima verändern	1									
26.10.2010	Spenden von BASF und BAYER: Prima Klima im Kongress				1						
29.10.2010	Umwelt-Gipfel in Nagoya: Naturschützer feiern Gipfel-Durchbruch		1								
03.11.2010	Sonderfonds: Koalition blockiert Mittel für Klimaschutz		1								
06.11.2010	Studio: Biosprit schadet Klima stärker als fossile Brennstoffe			1							
08.11.2010	Energiepolitik: Biosprit schadet Klima			1							
09.11.2010	Geoengineering: Mineral Olivin könnte große Mengen CO_2 binden			1							
11.11.2010	Verhandlungspoker: Ozonabkommen soll Klimawandel stoppen		1								
12.11.2010	Wirre Thesen: US-Politiker begegnet Klimawandel mit Bibel				1						
15.11.2010	Geologie: Als Giftsgas-Professor beschimpft			1							

Datum	Titel aus dem Spiegel Online 2010	B: Klima-forschung	B: Klima-politik	B: Klima-wandel/-schutz	B: Klima-skeptiker	klima-skeptisch	K: IPCC	K: Klima-politik	K: Klima-forschung	K: Klima-berichte	K: Klima-schutz
17.11.2010	Online-Projekt: Privat-Computer berechnen das Wetter daheim			1							
19.11.2010	Sparkurs: Regierung kappt Klima-Ausgleich für Dienstreisen			1							
19.11.2010	CO_2-Lager: Angst vor Bürgern blockiert Klimaschutztechnik										1
23.11.2010	CO_2-Ausstoß: China bekennt sich erstmals als Klimasünder Nr. 1			1							
24.11.2010	Klimawandel: Treibhausgase erreichen Rekordniveau			1							
28.11.2010	Klimaschutz: Röttgen hält Fortschritte in Cancun für möglich			1							
29.11.2010	Uno-Konferenz in Mexiko: Wenig Hoffnung für Klima-Gipfel in Cancun			1							
29.11.2010	Klima: Beulen im Weltmeer		1								
29.11.2010	Klimapolitik: Dicke Bretter statt Big Bang			1							
01.12.2010	Klimakonferenz in Cancun: USA verkünden Annäherung mit China			1							

Datum	Titel aus dem Spiegel Online 2010	B: Klimaforschung	B: Klimapolitik	B: Klimawandel/-schutz	B: Klimaskeptiker	B: klimaskeptisch	K: IPCC	K: Klimapolitik	K: Klimaforschung	K: Klimaberichte	K: Klimaschutz
01.12.2010	Uno-Klimagipfel: Scharfe Kritik am Hilfsangebot für arme Länder			1							
03.12.2010	Klimawandel: Meteorologen registrieren weltweit Hitzerekorde		1								
05.12.2010	Diplomatenkabel: US-Regierung beeinflusste Besetzung des Weltklimarats						1				
05.12.2010	Klimagipfel in Cancun: Mission Planeten-Rettung startet			1							
06.12.2010	China und USA: Klimasünder sündigen immer schlimmer			1							
06.12.2010	Klimagipfel in Cancun: Politiker ringen um Urwald-Abholzungsstopp			1							
06.12.2010	Schlüsselthema der Außenpolitik						1				
07.12.2010	Gipfel in Cancun: Röttgen nennt Klima-Gespräche zäh			1							
07.12.2010	Klimagipfel in Cancun: Wut über ein unmoralisches Angebot								1		

Datum	Titel aus dem Spiegel Online 2010	B: Klima-forschung	B: Klima-politik	B: Klima-wandel/-schutz	B: Klima-skeptiker	klima-skeptisch	K: IPCC	K: Klima-politik	K: Klima-forschung	K: Klima-berichte	K: Klima-schutz
07.12.2010	Gipfel in Cancun: US-Energieminister gibt den Klimaschützer			1							
07.12.2010	Klimagipfel in Cancun: Schacherm bis zum Scheitern								1		
07.12.2010	CO_2-Einsparungen: Milliardär will Schifffahrt zur Öko										
07.12.2010	Kopenhagener Klimagipfel: USA und China verbrüderten sich gegen Europa			1					1		
07.12.2010	CO_2-Emissionen: US-Energiekonzerne wollen Klimaschutzgesetze zu Fall bringen			1							
08.12.2010	Gipfel in Cancun: Inselstaaten warnen vor Klimadesaster			1							
08.12.2010	Klimawandel: Experten warnen vor umfassenden Gletscherschwund		1								
08.12.2010	PR-Probleme von Umweltverbänden: Sex & Crime für den Klimaschutz										1
09.12.2010	Klimagipfel von Cancun: Urwald-Schutzdeal droht der Crash			1							

Datum	Titel aus dem Spiegel Online 2010	B: Klima-forschung	B: Klima-politik	B: Klima-wandel/-schutz	B: Klima-skeptiker	klima-skeptisch	K: IPCC	K: Klima-politik	K: Klima-forschung	K: Klima-berichte	K: Klima-schutz
09.12.2010	Klimaverhandlungen in Mexiko: Auch die EU könnte noch mehr bieten			1							
09.12.2010	Klimagipfel in Mexiko: CO$_2$-Dealer fürchten das Cancun-Debakel								1		
09.12.2010	Gipfel in Cancun: Röttgen erklärt Klimawandel zum Geschäftsmodell		1								
10.12.2010	Gipfel in Cancun: Klimapolitiker ringen um Windelweich-Kompromiss							1			
10.12.2010	Klima-Konferenz in Cancun: Gipfel des Gigantismus		1								
11.12.2010	Klima-Konferenz in Cancun: Boliviens erfolgloser Einzelkämpfer		1								
11.12.2010	Gipfeltreffen: Klimapolitiker feiern Cancun-Kompromiss		1								
11.12.2010	Dokumentation: Was in Cancun beschlossen wurde		1								
11.12.2010	Einigung von Cancun: Aus dem Koma erwacht		1								

Datum	Titel aus dem Spiegel Online 2010	B: Klima-forschung	B: Klima-politik	B: Klima-wandel/-schutz	B: Klima-skeptiker	klima-skeptisch	K: IPCC	K: Klima-politik	K: Klima-forschung	K: Klima-berichte	K: Klima-schutz
11.12.2010	Gipfel von Cancun: Weltgemeinschaft beschließt Klima-Kompromiss		1								
11.12.2010	Klimakonferenz-Präsidentin: Epinosa wird als Göttin des Gipfels gefeiert		1								
11.12.2010	Klima-Gipfel: Große Nationen unterstützen Cancun-Kompromiss		1								
11.12.2010	Gipfel in Cancun: Uno nimmt Industrieländer in die 2-Grad-Pflicht		1								
12.12.2010	Bolivien will gegen Klima-kompromiss klagen		1								
13.12.2010	Treibhausgas-Emissionen: Privater CO_2-Ausstoß der Deutschen sinkt			1							
13.12.2010	Abgasreduzierung: Röttgen will Europa zum Klimaschutz-Vorreiter machen		1								
14.12.2010	Klimaschädliche Transporte: Täglich fliegen 140 Tonnen Lebensmittel nach Deutschland			1							

Datum	Titel aus dem Spiegel Online 2010/2011	B: Klima-forschung	B: Klima-politik	B: Klima-wandel/-schutz	B: Klima-skeptiker	B: Klima-skeptiker klima-skeptisch	K: IPCC	K: Klima-politik	K: Klima-forschung	K: Klima-berichte	K: Klima-schutz
17.12.2010	Klimaschutz: Brüderle warnt vor scharfen Umweltauflagen für die Industrie										1
17.12.2010	Überraschender Klimaeffekt: Südpolarstürme lassen Antark-tis-Eis schmelzen	1									
20.12.2010	Klimapolitik: EU-Minister beschränken Kohlendioxid-Ausstoß von Kleinlastwagen		1								
20.12.2010	Klima: An der Obergrenze										
22.12.2010	EU-Entscheidung: Politiker revoltieren gegen Glühbirnen-verbot										1
24.12.2010	Uno-Gipfel in Cancun: Jubel im Mondpalast		1								
27.12.2010	Lukrative Verschmutzung										1
27.12.2010	Umweltschutz: Handel mit heißer Luft										1
05.01.2011	Industrie im Klimaahkampf										1
10.01.2011	Klimawandel: Alpengletschern droht Massenschmelze	1									
14.01.2011	Klimaforschung: Wetterdaten erklären Geheimnisse der Geschichte	1									

Datum	Titel aus dem Spiegel Online 2011	B: Klima-forschung	B: Klima-politik	B: Klima-wandel/-schutz	B: Klima-skeptiker	klima-skeptisch	K: IPCC	K: Klima-politik	K: Klima-forschung	K: Klima-berichte	K: Klima-schutz
19.01.2011	Sicherheitslücke: EU Kommission stoppt Emissionshandel										1
31.01.2011	Versöhnungstagung: Der Klimakrieg kann weitergehen				1		1				
31.01.2011	Energie: Sehr viel Geld sparen		1								
15.02.2011	DLR-Studie: Schiffe verpesten mehr Luft als Flugzeuge	1									
03.03.2011	E-10-Debakel: Die Politik hat die Verbraucher unterschätzt										1
07.02.2011	Kollaps für Arktiseis: Klimasimulation wiederlegt Kollapstheorie	1									
09.02.2011	Klimawandel: Eismangel bedroht Fortpflanzung der Eisbären			1							
10.02.2011	US-Kongress: Republikaner wollen Mittel für Umweltschutz kappen		1								
12.02.2011	Behördenpapier: 408 mögliche CO_2-Endlager in Deutschland			1							
14.02.2011	Klimaschutz: Gas in den Untergrund			1							

Datum	Titel aus dem Spiegel Online 2011	B: Klima-forschung	B: Klima-politik	B: Klima-wandel/-schutz	B: Klima-skeptiker	klima-skeptisch	K: IPCC	K: Klima-politik	K: Klima-forschung	K: Klima-berichte	K: Klima-schutz
16.02.2011	Gesetzesvorhaben: Länder können Lagerstätten weitgehend blocken										1
17.02.2011	Extremwetter: Forscher geben Menschheit Schuld an Flutkatastrophen	1									
21.02.2011	Treibhausgas-Entsorgung: Schleswig-Holstein rebelliert gegen CO_2-Gesetz		1								1
21.02.2011	Städte: Das Leben einer Toten			1							
24.02.2011	Streit um NRW-Gesetz: Klimaschutz ist pure ökonomische Vernunft			1							
25.02.2011	Regionaler Atomkonflikt: Forscher simulieren nukleare Kriegskatastrophe	1									
28.02.2011	Klima: Weine im Wandel			1							
04.03.2011	Öko-Ranking: Große Fluglinien sind bei Klimaschutz Mittelmaß			1							
04.03.2011	Biosprit-Desaster: Unionspolitiker wollen E10 wieder abschaffen										1
06.03.2011	EU-Politik: Öttinger warnt vor zu viel Klimaschutz		1								1

163

Datum	Titel aus dem Spiegel Online 2011	B: Klima-forschung	B: Klima-politik	B: Klima-wandel/-schutz	B: Klima-skeptiker	klima-skeptisch	K: IPCC	K: Klima-politik	K: Klima-forschung	K: Klima-berichte	K: Klima-schutz
08.03.2011	Rechnung bis 2050: Klimaschutz kostet EU-Industrie 10,8 Billionen Euro										1
14.03.2011	Die Öko-Falle										1
	Summe (Gesamt: 130)	17	36	25	5	1	17	9	3	1	16
	in %	13,08	27,69	19,23	3,85	0,77	13,08	6,92	2,31	0,77	12,31